기초전기전자

백 승 수 저

오성미디어

머 리 말

이 책은 메카트로닉스, 자동차, 기계 관련 학과 학생들의 전기전자 기초과목으로 전기와 전자에 대한 기본개념을 이해하기 위해 만들어졌다. 수많은 책들이 유사한 내용으로 만들어져 사용되고 있지만, 이론에 맞추어 꼭 필요한 실습을 동시에 할 수 있도록 만든 교재를 찾기가 어렵다는 문제와 실습이 너무 기초 이론에 초점이 맞추어져 있어, 실습을 하고서도 흥미를 끌지 못하는 문제점을 보완하기위해 노력했다.

자동차, 기계, 메카트로닉스 분야를 실무적으로 공부하려는 학생들을 위해 1학기용으로 구성하다보니 몇몇 분야가 누락되었다. 아마도 누락된 FET, OP amp, 디지털IC 등은 전자 혹은 통신 전공학생들에게나 필요할 것으로 판단했다. **개정판에서는 전동기에 관련된 이론과 실습 부분 그리고 산업용 전기에 관련된 내용을 추가**해서 개정을 할 계획이다.

다양한 센서에 대한 내용을 책속에 포함시켜 이론과 실습을 할 수 있도록 구성하였는데 특히, 산업용으로 제품화 되어 있는 근접센서, 카운터, 광센서에 대한 이론과 실습을 포함시킨 것이 큰 특징이라 하겠다.

실무적으로 활용 가능하도록 기본개념과 기초를 다지는 것에 초점을 맞추어 집필하려고 노력했다. 여러 가지 부족한 점이 많을 것으로 생각한다. 널리 이해해주시기를 바라면서....

저자

목 차

제1장 전 기

1 전기의 역사

기원전 600년경 그리스의 철학자 탈레스(Thales)는 장식으로 사용하던 호박을 헝겊으로 문지르면 먼지나 깃털을 끌어당긴다는 것을 발견했다. 전기(Electricity)는 그리스어로 호박(Electron)에서 유래되었다.

이 름	년 도	업 적	단 위
쿨롱	1785	두개의 정전하 사이에 작용하는 힘을 규명	쿨롱 C
볼타	1800	전하 저장장치인 기전반과 전기배터리를 발명	볼트 V
앙페르	1820	전류가 자기를 발생시키는 것 발견	암페어 A
옴	1827	옴의 법칙 V = I R	옴 Ω
패러데이	1831	자기가 전기를 발생시키는 전자유도 법칙 발견	패럿 F
맥스웰	1864	전자기학 이론(맥스웰방정식)	맥스웰 Mx
그람	1873	발전기에 전기를 넣으면 모터가 되는 발견	
헤르츠	1887	라디오 전파 송수신 실험	헤르츠 Hz
테슬라	1888	전력을 교류로 송전, 교류유도전동기 발명	테슬라 T
마르코니	1901	대서양 횡단 라디오신호전송(무선통신)	

2 정전기

절연물인 유리막대를 헝겊으로 문지르면 마찰전기가 발생하고 종이조각이나 가벼운 물체를 근접 시켰을 때 가벼운 물체가 유리막대에 달라붙는 현상 등을 말한다.

- 마찰전기도 양자와 전자의 이동에 의한 것으로 일반 전기와 근원적으로 동일하며 흐르는 동전기(dynamic electricity)와는 달리 흐르지 않는 상태의 전기를 정전기(static electricity)라고 한다.

- 전기적 중성인 두 물체에 마찰로 외부의 자극을 주면 전자를 쉽게 잃는 물체에서

전자의 이동이 생기는데 이때 전자를 잃은 물체는 상대적으로 +전하의 양이 많아져 +전하가 되고, 반대로 전자를 받은 물체는 — 전하가 된다.

- 대전 서열

+ : 모피 - 수정 - 유리 - 나무 - 플라스틱 - 금속 - 고무 - 에보나이트 : —

- 정전유도현상

도체에 양전하로 대전된 물체를 접근하게 되면 도체내 자유전자가 대전체 쪽으로 이동하여 음전하가 유도되고 반대쪽은 양전하가 유도된다. 대전체를 멀리하면 중성 상태로 돌아간다. 전하의 분포만 변경된 것이고 전하량은 일정하다. 부도체의 경우 자유전자가 없으나 분자내의 전자가 영향을 받아 극성을 띄면서 대전체의 영향으로 분자(전기쌍극자)들이 그림과 같이 배열되는 유전분극 현상이 발생한다.

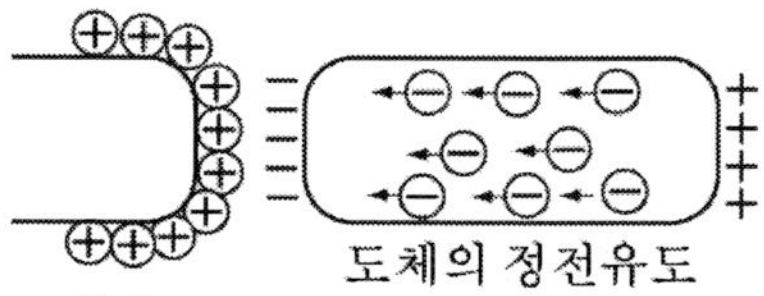

도체의 정전유도

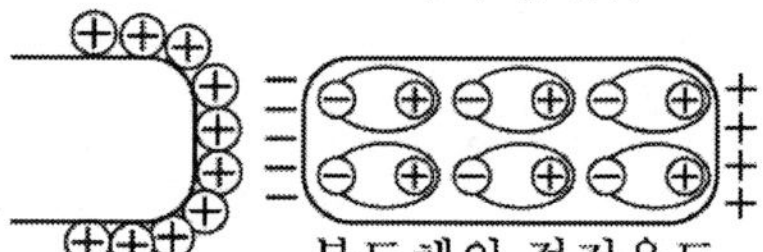

부도체의 정전유도

- 정전기의 활용

정전기 현상을 활용한 예는 먼지 집진기, 전자복사기, 공기정화기, 자동차나 금속면 페인터 도장 등이 있다.

- 전자복사기 : 원본 종이에 빛이 닿았다가 드럼 쪽으로 반사되면 드럼 표면의 반도체 물질인 셀레늄은 빛을 받으면 (-)전하를 띠게 된다. 드럼은 종이의 흰 부분에 의해 (-)전하를, 글자가 있는 검은 부분은 (+)전하를 띤다. 토너의 검은 탄소가루를 전류로 (-)전하를 띠게 만들어 글자가 있는 검은 부분에만 달라붙게 하고 복사종이를 밀착시켜 종이 뒤에서 강한 (+)전하를 발사하면 드럼에 붙어 있는 (-)전하의 토너가루는 복사종이로 옮겨 붙는다. 180도 정도의 열과 압력을 가하면 토너가루 입자들은 종이에 달라붙게 된다.

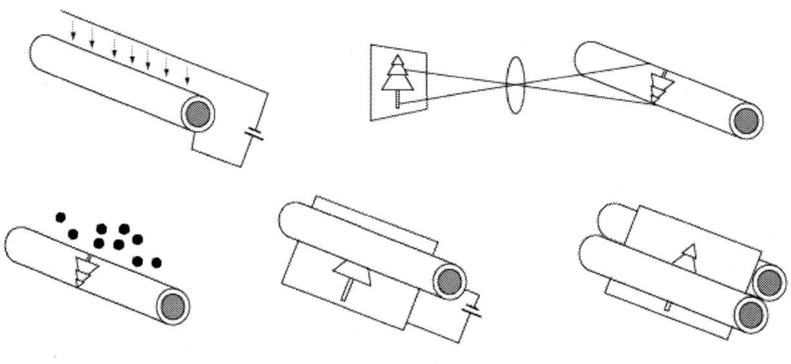

• 습도가 20% 이내로 매우 건조한 경우 카펫 위를 걸을 때 3만 ~ 4만V, 합성섬유 혹은 털실과 같은 옷을 입고 생활하는 경우 수만V의 정전기가 축적될 수 있다. 그러나 전압은 높고 전류의 양은 매우 적어서 짧은 시간 순간적으로 흐르기 때문에 에너지의 양이 적어 감전사와 같은 사고는 없다. 그러나 주유소, 전자제품 등에는 심각한 문제를 일으킬 수 있다.

• 정전기는 건조한 날씨에 쉽게 발생하고 400V 이상이 되면 방전할 때 스파크나 코로나가 보이며 방전시 오존이 생성되어 특별한 냄새가 난다.

3 전기의 본질

(1) 원자의 구조

모든 물질의 최소단위는 원자(Atom)이며 화학적 상태를 규정짓는 최소 기본 단위이다. 원자는 그림과 같이 원자핵과 전자(-)로 구성되며 원자핵은 양성자(+)와 중성자(전기적 중성)가 강하게 결합되어있다. 그리고 원자핵(양성자 수)과 전자의 수가 같기 때문에 전기적으로 중성이 된다.

• 가장 바깥 궤도(가전자)에 존재하는 전자는 최대 8개까지 될 수 있으며, 가전자가 1~3개인 원자는 어떤 조건이 되면 전자를 잃어 가전자 8개가 되어 화학적으로 안정하려는 성질이 있고, 가전자가 5~7개인 원자는 전자를 얻어 가전자가 8개가 되어 화학적으로 안정하려는 성질이 있다.

① 양자(Proton) : 최소량의 (+)전기를 가진 미립자로서 질량은 전자의 약 1837배에 해당하고 중성자와 함께 원자핵을 구성한다.(양자의 수 = 원자번호)

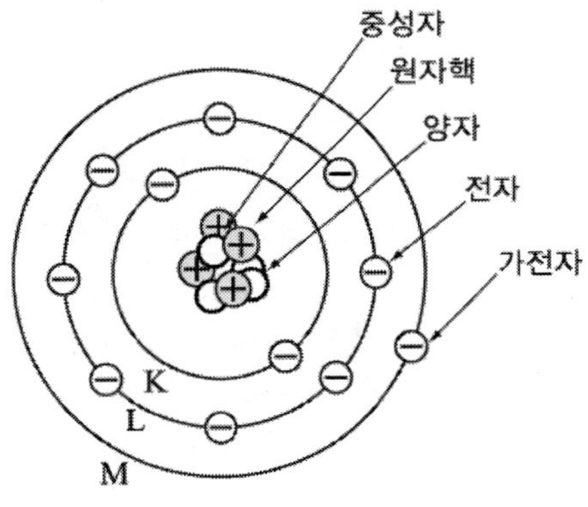

② 중성자(Neutron) : 양자와 거의 같은 질량을 가지고 있으며, 전기를 가지고 있지 않은 미립자로서 양자와 함께 원자핵을 구성한다.

③ 전자(Electron) : 최소량의 (-)전기를 가지고 빛의 1/10 정도의 빠른 속도로 핵의 주위를 돌고 있는 미립자이다. 전자 1개가 가지고 있는 전기량은 양자 1개가 가진 전기량과 같고 부호만 반대가 된다. (양자의 수와 전자의 수는 동일함)

(2) 가전자와 자유전자

원자핵의 가장 바깥 궤도에 존재하는 전자를 가전자(Valence electron)라 하며, 이 가전자는 원자핵에서 가장 멀리 떨어져 있기 때문에 구속력이 약하므로 외부의 자극을(빛, 열, 전기 등의 에너지) 받으면 다른 궤도의 전자보다 쉽게 전자궤도를 이탈하게 된다.

- 외부의 자극에 의해 원자핵에서 이탈된 가전자를 **자유전자**(Free elecrton)라 표현하며, 전기의 본질은 바로 이 자유전자의 이동으로 생각하면 된다.

- 모든 물체는 전기적 중성(양성자의 수 = 전자의 수) 이였다가 전자를 잃거나 얻음으로서 (+)전기나 (-)전기를 띠게 된다.

① 도체(Conductor) : 최외곽 자유전자가 1~3개이어서 전자가 궤도에서 쉽게 이탈하기 때문에 전류가 잘 흐르게 된다.

② 부도체 : 최외곽 자유전자가 5~8개이기 때문에 원자핵과 전자의 결합이 강하여 전자의 이탈이 어려워 전류가 잘 흐르지 못한다.

③ 반도체 : 도체와 부도체의 중간물질이며, 최외곽 전자가 4개이기 때문에 공유결합을 하고 있어 전류가 흐르기 어렵지만 별도의 다른 원소(13족, 15족)를 추가하여 P형, N형 반도체 성격을 가지게 된다. Si(실리콘), Ge(게르마늄) 등이 있다.

4 어스(Earth) 또는 접지

대전체를 체적이 월등히 큰 물체와 도선으로 연결하면 대전체의 (-)전하는 균형이 잡힐 때까지 이동하게 되는데 비대전체의 용량이 워낙 크기 때문에 대전체의 음전하는 모두 비대전체로 이동하게 된다.

- 어떤 대전체를 지구(Earth)와 연결시키면 지구의 용량이 워낙 크기 때문에 대전체의 전하는 모두 지면으로 흘러버린다.

- 접지 기호

기준전위를 땅속으로 설정하기 때문에 땅에 연결한다는 의미로 **접지**(接地), 영어로

Ground(**GND**)로 표시한다. 전기전자회로의 경우 회로가 구성되어 있는 기판이 고정된 금속(새시)에 연결하여 새시 그라운드라고 한다. 결국 새시에 연결된 부분도 대지에 연결되어 접지가 되는 것이다.

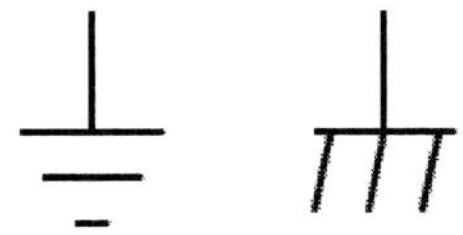

5 감 전

감전에 의한 사고는 전압이 높을수록 위험이 클 수밖에 없다. 인체 외부에서 전압이 걸려 인체 내부로 전류가 흐르면서 근육, 심장에 상해를 주게 된다. 이때 인체 내부로 흐르는 전류의 양과 시간에 따라 사망에 이르기도 한다.

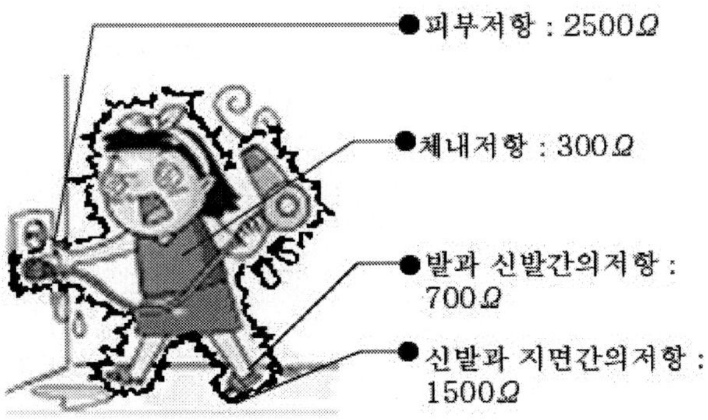

- 예를 들어 220V에 손이 닿았을 경우:

인체 내로 흐르는 전류 = V / R = 220V / 5000Ω = 44㎃가 된다. 사망에 이를 수 있다. 인체가 느낄 수 있는 최소감지 전류는 1㎃ 정도이다.

인체통과 전류	1㎃	5㎃	10㎃	15㎃	50~100㎃
증상	약간 느낄 수 있는 정도	경련을 발생	불쾌해진다	강한경련을 유발	치사

- 전기기기의 외부 금속 케이스를 **접지**를 하면 내부 배선의 절연에 문제가 생겨서 누전이 발생했을 때 사람의 인체가 닿아도 감전되지 않도록 한다.

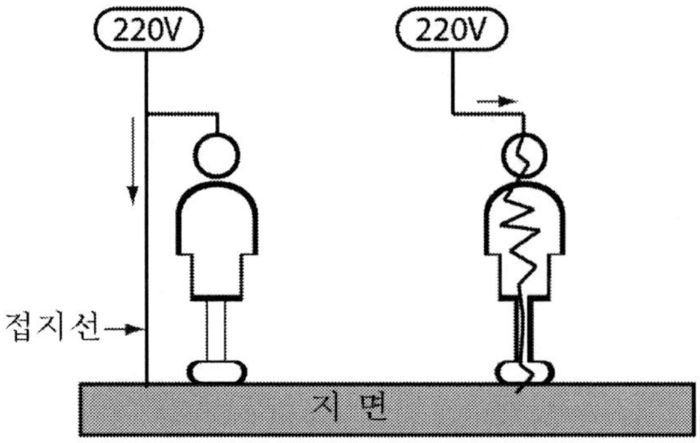

6 전 류

온도가 높은 곳에서 낮은 곳으로 열에너지가 이동하고, 물은 수압이 높은 곳에서 낮은 곳으로 이동한다. 전위차가 존재하는 곳에서는 전위가 높은 곳에서 낮은 곳으로 전하가 이동하는데 이 전하의 이동이 바로 전류이다.

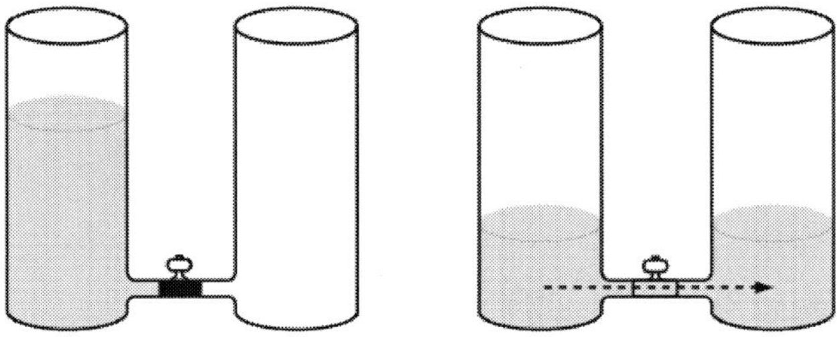

- 전류의 정의 : 어떤 도체의 단면적을 단위시간당 통과하는 자유전자 또는 전하의 이동

- 전류의 방향 : 실제 전자는 (-)에서 (+)로 이동하지만, (+)에서 (-)로 흐르는 것으로 약속하여 사용하고 있다.

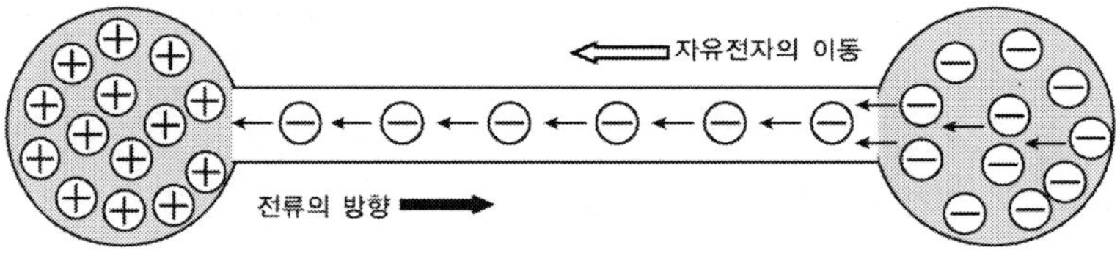

- 전류의 세기 : 1초 동안에 도체의 임의의 단면적을 통과하는 전하량으로 정의한다.

  전류의 단위 [A : 암페어] $I = \frac{Q}{t}$ $[C/s = A]$

  I[A] = 전류 , Q[C] = 전하량 , t[s] = 시간

1[A]의 전기량 : 1초 동안에 1[C]의 전하 즉, 6.25×10^{18}개의 자유전자가 임의의 단면적을 통과한 크기로 정의한다.

- 다음은 앞으로 사용하게 될 각종 단위들의 접두어이다. 1㎃ = 10^{-3}A, 1㏁ = 10^{6}Ω과 같이 사용된다.

접두어	P(pico)	n(nano)	μ(micro)	m(mili)	k(kilo)	M(mega)	G(giga)	T(tera)
크 기	10^{-12}	10^{-9}	10^{-6}	10^{-3}	10^{3}	10^{6}	10^{9}	10^{12}

(1) 전류의 종류

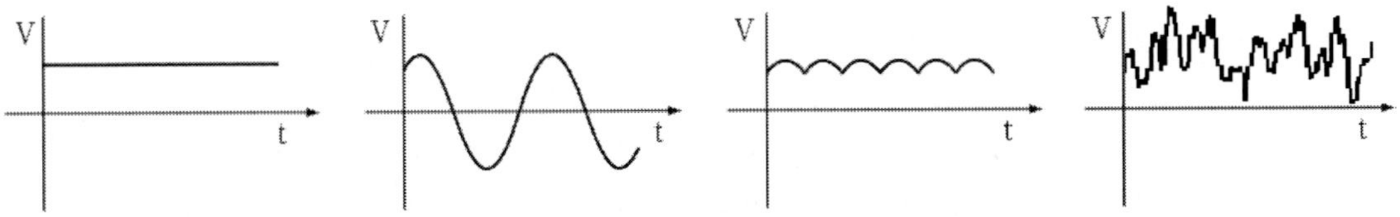

① 직류(DC) : 일정한 크기를 갖고 한 방향으로 흐르는 전류를 나타내며 건전지, 자동차의 배터리, 시계전지 등에서 출력되는 전류가 여기에 속한다.

② 교류(AC) : 흐르는 방향과 크기가 시간에 따라 주기적으로 변화하는 전류를 나타내며 가정용, 산업용 전기나 교류 발전기에서 정류하기 전의 출력 전류가 여기에 속한다.

③ 맥류 : 시간에 따라 방향과 크기가 변하는 신호를 직류와 합성되어 있는 것으로 증폭기 내부에서 아나로그 신호가 직류에 합성되었을 때, 교류를 직류로 바꾸는 정류과정 등에서 발생되는 전류를 예로 들 수 있다.

(2) 전류의 작용

전류가 도체를 통과할 때 자유전자는 원자들과 충돌하면서 열과 빛을 내거나 자장

의 변화 및 화학작용 등을 일으키는 등 여러 가지 현상을 발생시킨다.

① 발열 작용 : 자유전자가 도체를 통과하면서 원자들과 부딪쳐 운동에너지가 열에너지로 변환하기 때문인데 이때 발생하는 열을 줄(Joule)열이라고 한다. 전구, 히터 등.

② 자기 작용 : 자기장속에 있는 도선에 전류를 흘리면 도선에 힘이 작용하거나, 전선이나 코일에 전류가 흐르면 그 주위공간에는 자기장이 형성된다. 각종 전동기와 발전기, 솔레노이드, 각종 릴레이 등이 이러한 현상을 이용한 것이다.

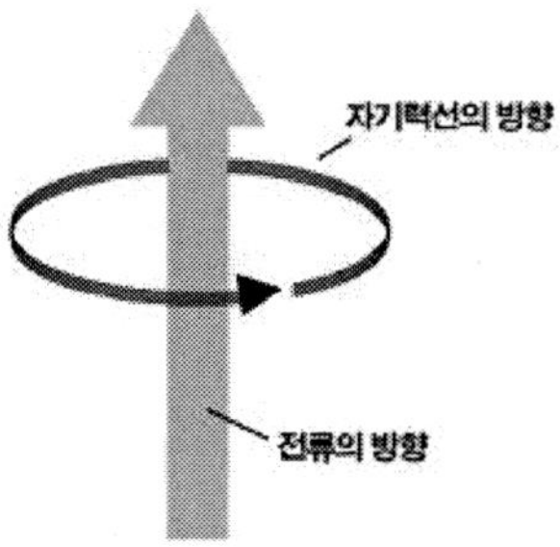

③ 화학 작용 : 전류가 수용액(전해액 : 전류의 작용에 의해 분해되는 물질인 전해질이 녹아있는 용액)을 통과하게 되면 전기 분해에 의한 이온의 작용으로 화학 변화가 일어난다. 전기도금, 알루미늄의 제조 등에 이용된다. 다음은 소금물(NaCl)을 전기분해하는 것을 나타내었다. 소금물에서 Na^+, Cl^- 이온으로 분리되고 (+)극에서 Cl^2(염소), (-)극에서는 수소가 발생한다. 수소가 발생하면서 물이 H와 OH로 분해되면서 생긴 OH^-와 Na^+가 만나서 NaOH수용액(수산화나트륨)이 만들어진다.

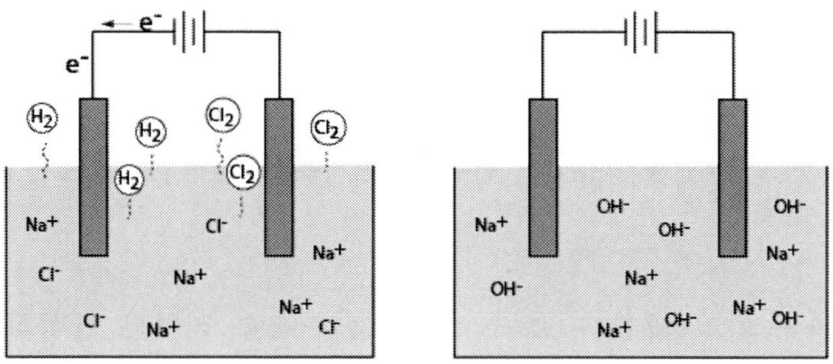

7 전 압

전압(Voltage)이란 간략하게 전기적인 압력으로 표현할 수 있다. 이것은 두 전하가 일을 할 수 있는 능력을 나타내는 전위의 차이를 의미하는 것이다. 두 수조사이의 수위차가 커질수록 물이 세차게 흐르듯이 전압이 높아지면 전류가 할 수 있는 일의 능력이 커진다. 따라서 전위 차이에 의해 전유전자가 이동하는 것이 전류이므로 반듯이 전위차가 있어야 전하가 이동하는 것을 알 수 있다. 전위차가 없다면 전류가 흐르지 않는다고 볼 수 있다.

• 전압은 측정의 기준이 되는 지점의 전위차를 의미한다. 즉, 배터리의 전압을 측정할 때는 양극과 음극의 전위차인 1.5V가 전압이 되고 가정에 사용하는 전압은 대지를 기준으로 220V의 전위를 가지기 때문에 220V전압으로 표시하게 된다.

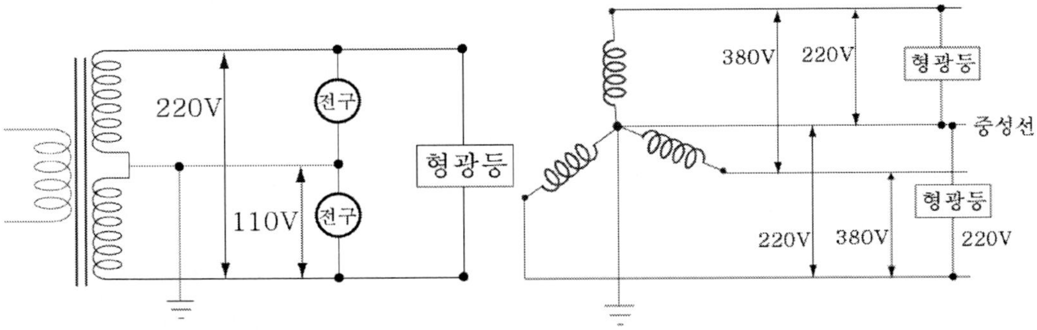

• 다음의 그림에서 왼쪽은 단상3선식으로 각각 110V, 220V의 전압을 나타낸다. 그리고 오른쪽은 공장이나 빌딩에 사용하는 3상4선식의 배전방식을 보여주고 있다. 대지를 기준으로 220V, 선간은 380V의 전압이 사용된다.

• 전압의 단위는 전지를 발명한 이탈리아 물리학자 볼타의 이름을 따서 [V : 볼트]로 표현하며 전하량과 에너지의 관계로 정의한다. 즉 1[C]의 전하량이 1[J]의 일량을 수행할 때의 전압을 1[V] 즉, 1[V]는 1[J]의 에너지로 1[C]의 전하량을 보낼 수 있는 전위차를 말한다. 전력량의 단위[J :주울]는 전력을 나타내는 [W]에 시간을 곱한 것으로

$$1\ [V] = \frac{1\ [J]}{1\ [C]} = \frac{1\ [W \cdot s]}{1\ [A \cdot s]}$$

(1) 기전력과 전원

두 개의 수조에서 물의 높이 즉, 수압차가 있을 경우에는 물이 흐르지만 시간이 지나 수위차가 없어지면 물은 더 이상 흐르지 않는다. 두 수조 사이에 펌프를 설치하여 수위차를 지속적으로 유지시키면 물이 계속 흐르게 된다.

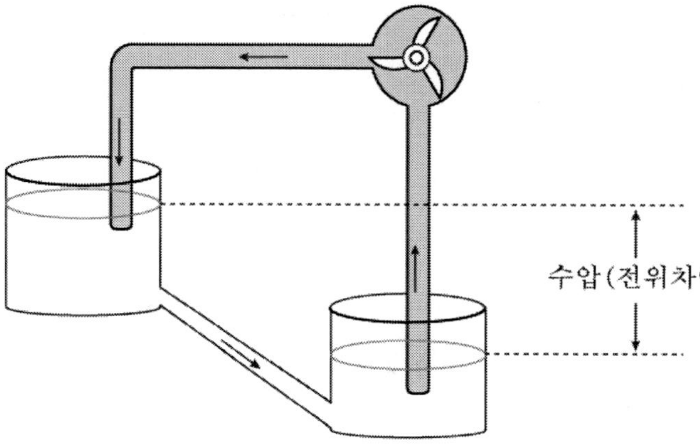

• 전원(전지)이 사용되는 전기전자회로에서 전원(전지)이 펌프의 역할을 수행하여 전위차를 지속적으로 유지시켜서 전류가 계속 흐르게 된다. 즉 배터리 또는 발전기의 경우에는 화학적 에너지나 기계적 에너지를 소비하면서 계속적으로 전하를 분리시켜 음극을 전자 과잉으로 만든다. 따라서 +극과 —극 사이는 지속적으로 전위차가 만들어진다.

• 지속적으로 전위차 즉 전압을 만들어 주는 힘을 기전력(electromotive force)이라고 하며 배터리나 발전기와 같이 기전력을 발생시키는 장치를 전원(electric source), 전원장치라고 한다.

제2장 수동소자

1 저항

도체 내에 전류가 흐른다는 것은 자유전자가 도체 내를 이동하는 것으로 도체내부의 원자들과 충돌을 일으키게 된다. 이렇게 전자의 이동을 방해하는 성질을 저항(Resistance)이라고 한다.

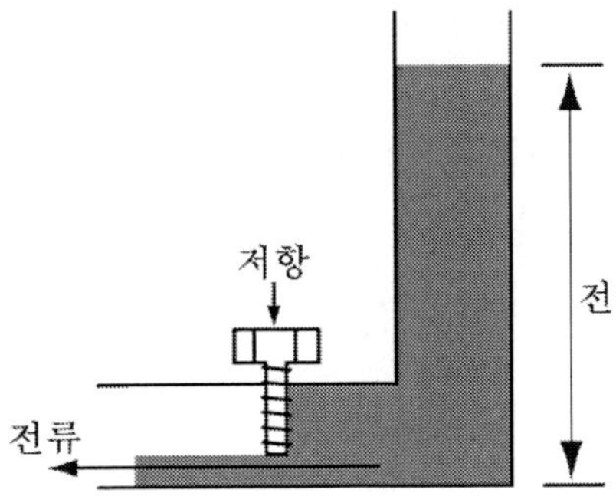

• 저항의 단위는 [Ω : 옴]을 사용한다. 이때 가해주는 전압이 자유전자의 이동을 방해하는 힘보다 클 경우에만 전류가 흐르게 되는 것이다.

• 구리선과 니크롬선에 똑같은 전압을 가해도 흐르는 전류의 세기는 다르다. 이것은 도체 내부를 통과하는 전자들이 원자들의 충돌에 의해 방해를 받는 정도가 도체마다 다르기 때문이다.

• 어떤 도체에 1[V]의 전압을 가해 1[A]의 전류가 흐를 때, 이 도체의 저항을 1[Ω]이라 한다.

(1) 고유저항

도체의 저항은 재료의 종류, 온도, 형상에 따라 달라지므로 20℃에서 일정 형상의 재료가 갖는 특정한 저항값을 고유저항(specific resistance) 또는 비저항(resistivity)이라 한다.

• 고유저항이 작다는 것은 전류가 흐르기 쉽다는 의미이다. 니크롬 같은 경우 고유저항 값이 크며 이는 재료내부의 저항이 커 자유전자의 이동시 충돌에 의한 열이 발생되어 전열기와 같은 부품에 주로 이용된다.

도체	고유저항[μΩ·cm]	온도계수
은	1.62	0.0038
구리	1.69	0.0039
금	2.40	0.0034
알루미늄	2.62	0.0039
텅스텐	5.48	0.0045
주철	60~100	0.0019
니크롬	100	0.004

(2) 도체의 형상에 따른 저항

물질의 종류에 따라서 저항은 달라지며 저항의 크기는 도선으로 사용한 물질의 고유저항, 도선의 길이 및 굵기와 관계가 있다.

$$R = \rho \frac{l}{A} [\Omega]$$

ρ : 고유저항[μΩ · cm], l : 도체의 길이[cm] , A : 도체의 단면적[cm^2]

• 도체에서 저항의 크기는 도체의 고유저항에 비례하고 길이가 길수록 커지고 단면적에 반비례한다. 따라서 도체의 저항을 작게 하기위해서는 고유저항이 작은 물체를 사용해야 하며, 길이는 짧게 그리고 두께는 두꺼울수록 저항은 작다.

(3) 저항과 온도의 관계

도체의 온도가 상승하면 원자들의 운동이 활발해져 도체를 통과하는 전자들이 원자들과의 충돌을 일으키게 되어 전류가 흐르기 어려워진다. 동일한 재료의 도체라 할지라도 온도의 상승에 따라 저항도 커지게 된다.

• 전구를 동작시키기 위해 스위치를 켜는 순간에 흐르는 전류는 필라멘트가 가열된 후 흐르는 전류보다 크다. 그 이유는 전구의 필라멘트가 가열되면 온도 상승에 따라 저항이 증가하여 전류의 흐름을 방해하기 때문이다. 220V/100W전구는 40Ω정도이나 가열되면 484Ω정도가 된다.

• 온도특성 : 온도가 상승하면 저항이 증가하는 **정온도특성**과 반대로 온도가 증가함에 따라 저항이 감소하는 경우를 **부온도특성**이라고 한다. 일반적인 금속의 경우 정온

도 특성을 나타내며 부온도특성을 나타내는 물질은 반도체를 들 수 있는데 원자의 진동 증가로 인한 충돌이 많아지는 효과보다 자유전자의 수가 더 많아지기 때문이다.

(4) 절연저항

부도체인 절연물에 매우 높은 직류전압을 가하면 극히 작은 전류가 흐르게 된다. 이것은 절연물의 저항이 무한대가 아니라는 것이다. 따라서 매우 큰 값이지만 저항값을 계산할 수 있다. 이와 같이 계산된 절연체의 저항인 절연저항(insulation resistance)의 값은 보통 수 MΩ이상이 된다.

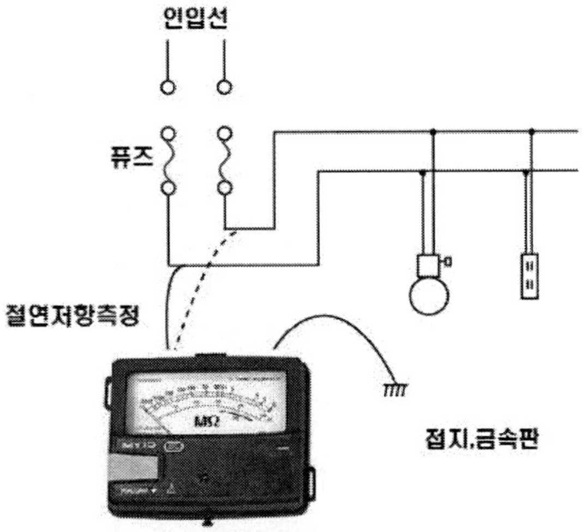

• 절연저항 측정은 전기안전관리 측면에서 중요하게 다루어진다. 일반적으로 절연저항은 변압기류 : 10 MΩ이상, 콘덴서류 : 1000MΩ 이상, 케이블류 : 150MΩ이상이다.

• 절연저항 측정계(Megger)는 수동발전식과 전자식이 있다. 500 ~ 2500[V]를 발생시켜 절연저항을 측정한다.

(5) 접촉저항

두 개의 도체 접촉 부위에 전류가 흐르면 접촉면에 전압강하와 함께 열이 발생 된다. 이것은 접촉 부위에 저항이 존재하는 것으로 접촉저항(contact resistance)이라고 한다. 접촉부위의 형상 및 특성에 따라 그리고 표면의 산화, 표면이 고르지 못하고 더러워져있으면 접촉저항이 커지게 된다.

• 접촉저항을 감소시키기 위해 사용하는 방법은 다음과 같다.

① 접촉 면적과 압력을 증가시킨다. ② 접점을 깨끗하게 유지한다.
③ 단자 설치시 와셔를 사용한다. ④ 납땜을 한다.

(6) 저항의 역할

저항은 전기회로 안에서 전압을 낮추거나 전류의 흐름을 제어하는 목적으로 사용된다. 저항을 사용하여 흐르는 전류의 양을 제한함으로써 부품의 기능이 일정하게 유지되고 보호된다. 그리고 빛에 반응하여 특정한 기능을 수행하는 역할을 하고 저항의 값을 변경하는 가변저항을 사용하여 전류의 양을 직접 제어 할 수도 있다.

1) 저항의 특성 및 규격

• 저항값 : 저항의 단위는 Ω(ohm)으로 표시(오차범위 안에서의 대표 값)하고 저항값은 저항기의 크기가 작은 경우에는 저항기의 표면에 컬러코드로 표시하고, 비교적 큰 형태의 경우에는 숫자로 혹은 저항값을 직접 표시한다.

• 사용온도 : 저항에서 소비하는 전력은 열에너지로 바뀌게 되어 온도 상승이 따르게 된다. 지나친 온도상승은 저항값의 변화와 저항기 자체의 파손으로 인한 심각한 문제가 발생할 수 있다. 저항기의 사용온도는 저항기 자체의 재질에 따라 다음과 같다.

저항의 종류	최고 사용온도(℃)
탄소피막 저항기	155
금속피막 고정저항기	155 ~ 175
산화금속피막 저항기	235
권선형 저항기	270, 350

• 정격전력 : 저항기의 종류에 따라 사용온도 범위에서 연속동작 상태로 사용 할 수 있는 최대 전력을 정격전력이라 한다. 회로내에서 저항의 정격전력 이상으로 전류, 전압이 가해지면 과도한 열의 발생으로 저항이 파괴되고 태우면서 화재를 일으킬 위험성이 있다.

(7) 저항의 종류와 특성

1) 탄소피막 저항기 (Carbon Film Resistor)

세라믹, 유리에 탄소 피막을 붙인 것이다. 보편적으로 가장 많이 사용되고 가격이 저렴하다. 고정밀도나 대전력이 아닌 일반적인 모든 경우에 가장 널리 사용되는 형태의 저항이다.

저항 범위 : 1.0 Ω ~ 100 MΩ, 전력 범위 : 1/8W, 1/4W, 1/2W

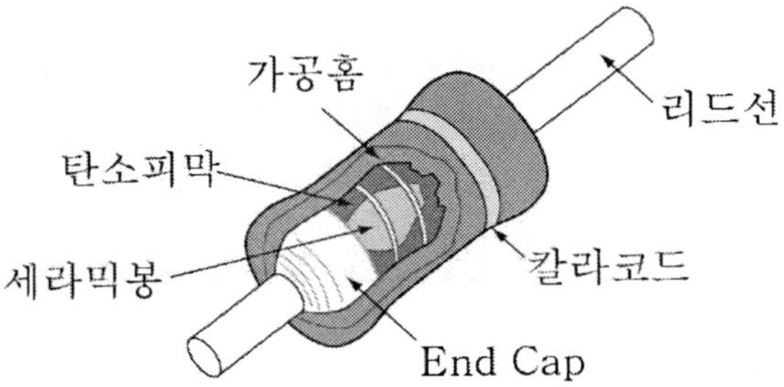

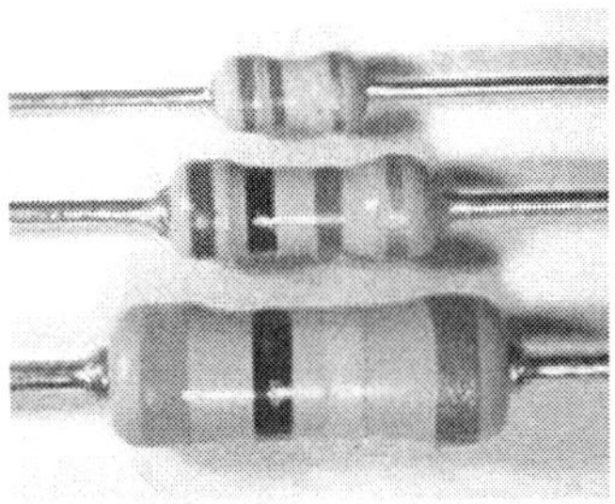

장 점	단 점
• 양산화에 의하여 가격 저렴. • 사용온도 조건 내에서의 저항치 분포양호. • 높은 저항치를 소형으로 제조. • 실장요구에 따라 형상선정이 가능.	• 저항온도계수가 비교적 크다. • 전류잡음이 크다.

2) 금속피막 저항기

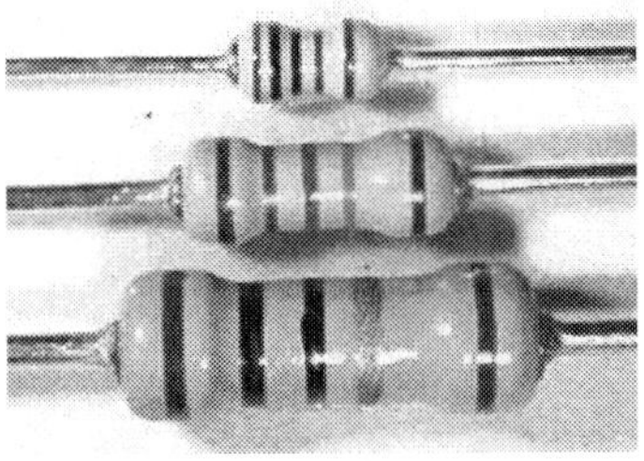

증착하여 만든 금속 피막을 저항체로서 사용한 것이다. 정밀한 저항이 필요한 경우에 가장 많이 사용되는 저항기로 특히 고주파 특성이 좋으므로 디지털회로에도 널리 사용.

저항 범위 : 20Ω ~ 2MΩ **전력 범위** :1/8W, 1/4W, 1/2W

장 점	단 점
• 저항온도계수가 낮고, 내열성이 우수 • 잡음이 대단히 낮고, 고주파특성이 양호 • 경시변화가 매우 적다. • 고정밀· 고안정성의 저항기 제작이 가능	• 가격이 비싸다.

3) 시멘트 저항기 (Cement Resistor)

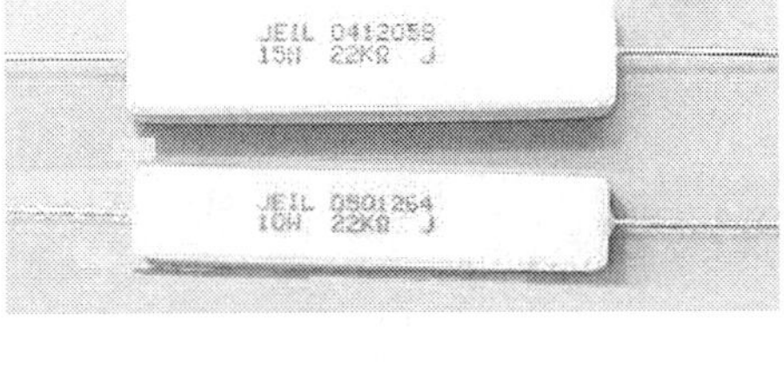

온도와 습도로부터 저항기를 보호하기 위하여 저항체를 시멘트 몰드에 넣어 만든 저항기로 내전압 특성이 우수하며 고온에도 잘 견디므로 주로 대전력을 다루는 분야에 사용된다.

장 점	단 점
• 불연성이다. • 방열특성이 우수하다.	• 무게가 무겁다. • 부피가 크다.

4) 네트워크 저항기(Network Resistor)

부품의 집적도를 더욱 높이기 위해 여러 개의 저항기를 하나의 패키지 안에 넣어서 IC와 같은 형태로 만든 것으로 칩 형태의 칩 네트워크 저항기와 다리(lead)를 갖는 일반형 어레이 저항기(Array Resistor)가 있다. 저항값은 472(47 × 10^2Ω)와 같은 숫자로 표시한다.

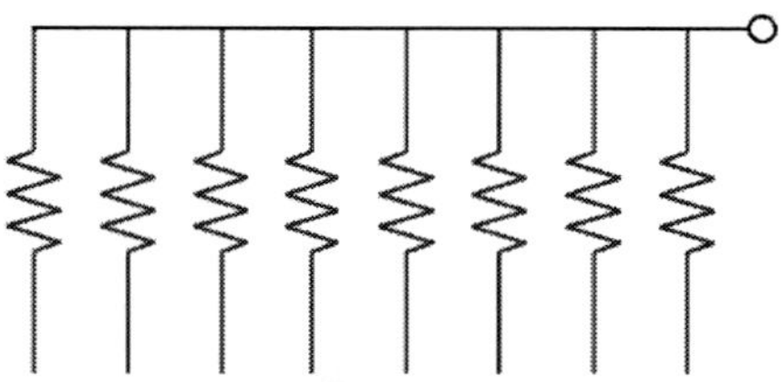

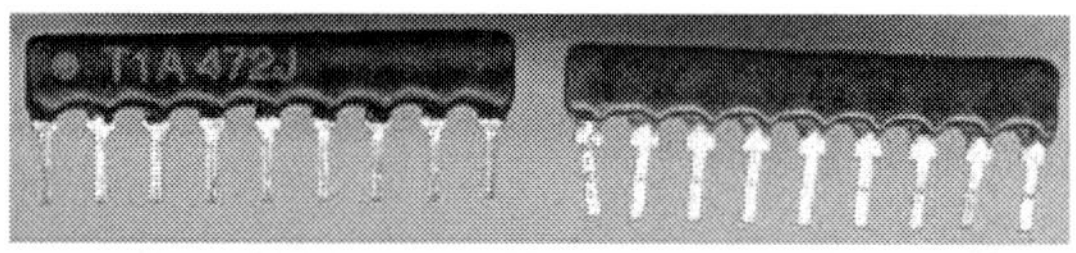

장 점	단 점
• 직접화에 의해 조립공수를 줄이고 자동조립이 용이하다. • 고밀도 실장으로 실장면적이 감소한다.	• 고가이다. • 납땜조건(온도·시간)의 관리가 필요. • 기판 Pattern 배선에 주의가 필요하다

5) 가변 저항기(Variable Resistor)

가변 저항기는 저항 값을 사용자가 바꿀 수 있는 형태의 저항으로 다양한 크기와 용도로 사용된다.

● 볼륨형 가변저항 : 볼륨형 가변 저항은 대부분 탄소피막 저항체를 사용하며 사용 용도에 따라 밀폐형과 개방형이 있고 회전축을 움직여서 저항값을 변경한다.

● 반고정 저항 : 대부분 회로 기판에 직접 장착되며 저항값의 변경범위가 좁아서 미세조정 할 필요가 있거나, 저항값 결정을 위한 실험, 개발시에 사용한다. 대부분 외부로 노출되는 손잡이가 없어 일자 혹은 드라이버로 조절하도록 되어 있다.

볼륨형 가변저항

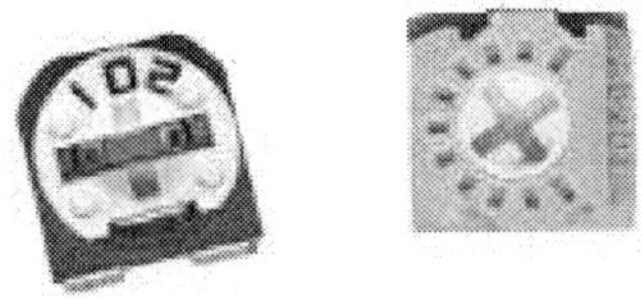

반고정 가변저항

6) Cds

빛에 의해 저항값이 변하는 부품으로 빛이 없으면 2MΩ 정도, 빛이 닿으면 200Ω 정도의 저항값으로 변한다. 카드뮴과 황의 화합물인 황화카드뮴(Cds)을 사용한 광전도소자를 말하며 사진의 노출계, 어두워지면 자동적으로 점등하는 자동점멸기, 텔레비전의 자동휘도 조정장치, 선박이나 공장의 염연 검출장치, 각종 계측기 등에 쓰인다.

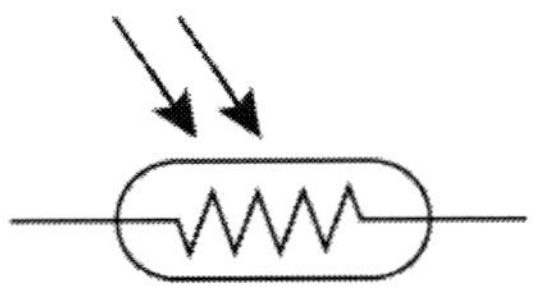

7) 서미스터(Thermistor)

서미스터(Thermally Sensitive Resistor)는 금속산화물을 혼합 성형한 후 소결과정을 거쳐 만드는 부품으로 온도변화에 대하여 극히 큰 저항값 변화를 나타내는 저항기의 일종으로 온도센서, 과전류 보호, 히터, TV 디가우징 등으로 사용되고 있다.

- 온도가 상승하면 저항값이 감소하는 특성을 갖는 **NTC** (Negative Temperature Coefficient Thermistor), 온도가 상승되면 저항값이 증가하는 특성을 갖는 PTC (Positive Temperature Coefficient Thermistor), **NTC**와 비슷하지만 온도가 상승되면 특정의 온도 이상에서 저항값이 급격히 감소하는 **PTC** (Positive Temperature Coefficient Thermistor)가 있다.

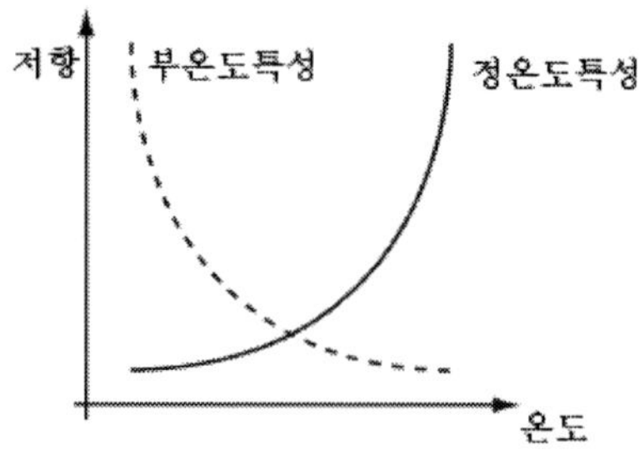

8) 바리스터(Varistor)

전압의 변화에 저항값이 변하는 특성을 이용한 저항소자로, 어떤 임계전압 이하에서는 저항이 매우 높고 거의 전류가 흐르지 않으나 그 임계전압 (바리스터 전압)을 넘으면 급격히 저항이 낮아져 전류를 흐르게 하는 특성을 가지고 있다.

- 바리스터의 사용 분야는 과전압에 의한 반도체의 보호, 고주파 노이즈 필터에 사용되며 전자장비, 통신 시스템, Relay 접점, 정류용 Diode, SCR ,고전압과 고전류로부터 이상전압 제어, 스위칭 트랜지스터, 전자석의 스위칭 서지 제어, 디지털 회로의 오류 제어, 이상전압으로부터의 noise(잡음) 감소 등에 사용된다.

(8) 저항값 읽기

저항의 컬러코드를 읽을 때 대부분의 경우에는 조밀한 색대를 왼쪽에 두고 간격이 넓은 부분을 오른쪽으로 하여 왼쪽에서부터 색대를 판별한다. 저항기가 작거나 색이 확실치 않으면 디지털 멀티미터를 사용해서 측정한다.

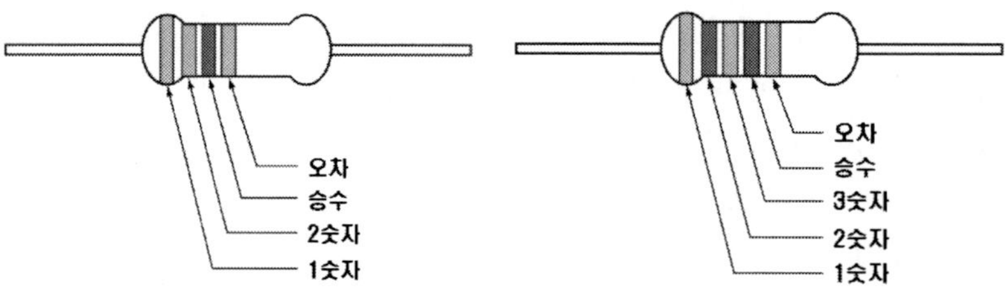

일반적으로 4색대 저항을 사용하고 정밀용에만 5색대 저항을 사용한다.

색	유효숫자	배수	허용오차	신뢰도
흑색	0	10^0	-	-
갈색	1	10^1	1%	1.0%
적색	2	10^2	2%	0.1%
등색	3	10^3	-	0.01%
황색	4	10^4	-	0.001%
녹색	5	10^5	-	-
청색	6	10^6	-	-
자색	7	10^7	-	-
회색	8	10^8	-	-
백색	9	10^9	-	-
금색	-	10^{-1}	±5%	-
은색	-	10^{-2}	±10%	-
무색	-	-	±20%	-

- 저항값 읽기 적용 예

4색띠 저항 주황색/ 노랑색/ 빨강색/ 금색	**5색띠 저항** 갈색/ 주황색/ 노랑색/ 검정색/ 갈색
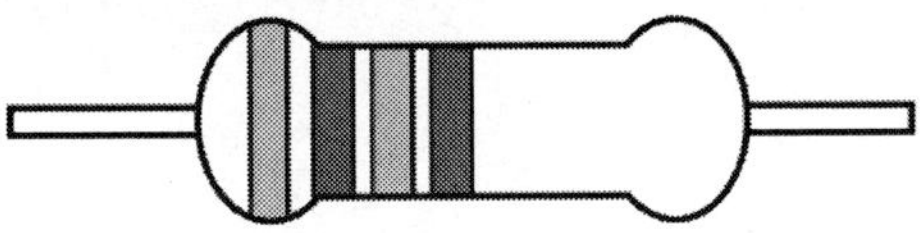 1색대 - 주황색 : 3 2색대 - 노랑색 : 4 3색대 - 빨강색 : 승수 102 4색대 - 금색 : 허용오차 ±5%(J) 3.4kΩ 허용 오차는 ±5%	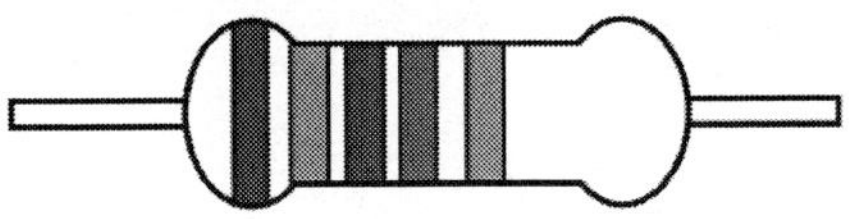 1 색대 - 갈색 : 1 2색대 - 주황색 : 3 3색대 - 노랑색 : 4 4색대 - 검정색 : 100 5색대 - 갈색 : ±1%(F) 134Ω 허용 오차는 ±1%

2 커패시터

콘덴서는 두장의 얇은 금속판 사이에 절연체를 끼워 정전유도 작용으로 전하를 모으는 역할을 한다. 다음의 그림과 같이 콘덴서에 직류전압을 가하면 각 전극에 전하가 축적되는 동안 전류가 흐른다. 그러나 콘덴서의 용량만큼 축적이 되면 더 이상 전류는 흐르지 않는다.

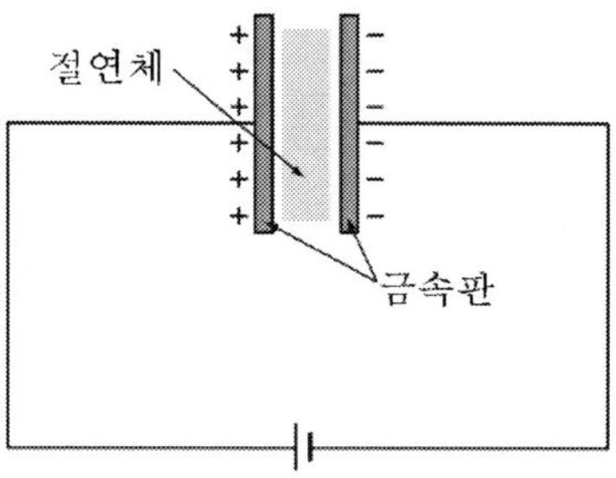

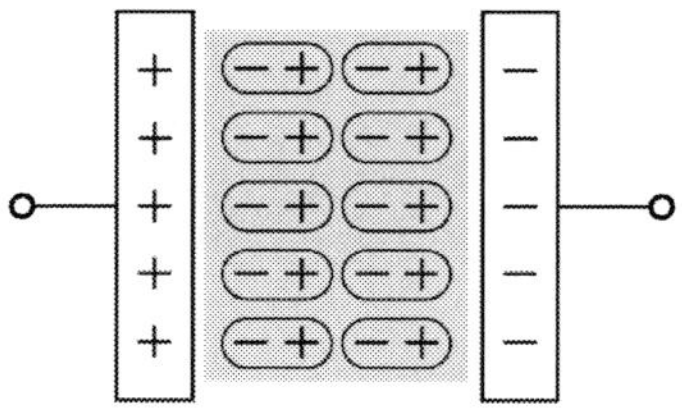

• 콘덴서의 내부에 서로 대전하고 있는 도체사이에 축적되는 전하량과 인가전압과의 관계는 다음과 같다.

$$Q = C \cdot V \ [C] \quad , \quad C = \varepsilon \frac{A}{d} \ [F]$$

Q = 전하량 [C], V = 인가전압, ε = 유전율, A = 극판의 단면적
d = 극판 사이의 거리, C = 콘덴서 정전용량, [F] : 단위

• 콘덴서의 정전용량은 콘덴서의 구조와 사용하는 절연체의 종류에 따라 결정되며, 정전용량의 단위인 파라드[F]는 실용상으로 너무 커서 보통 10^{-6}[F]을 의미하는 [μF], 혹은 10^{-12}[F]을 의미하는 [pF]을 주로 사용한다.

(1) 정전용량

콘덴서의 정전용량을 크게 하려면 극판의 면적은 넓게, 극판 사이 거리는 좁게 그리고 유전율이 높은 절연체를 사용해야 한다. 따라서 콘덴서의 설계시 두 극판 사이에 가능한 얇은 절연체를 사용해서 양 극판을 말은 형식으로 제작해서 부피는 감소시키고 면적은 넓게 해야 한다. 콘덴서의 크기를 최소화하기위해 유전체와 전극을 일체화시킨 금속 증착 필름콘덴서가 많이 사용되고 있다.

• 콘덴서의 두 극판 사이에는 진공시보다 **절연체를 채웠을 경우 정전 용량이 증가**되는데 그것은 절연체에서 전하의 이동은 없지만 원자나 분자는 전기장에 의해 절연체 내부는 분극이 된다. 따라서 두 극판 사이에 발생되는 전기장의 강도가 약해지게 되어 극판 사이의 전위차가 감소되어서(C = Q/V) 정전용량이 증가하게 되는 것이다. 이러한 의미에서 절연체를 **유전체**라고 부른다.

• 유전체(誘電體)의 의미는 절연체를 전기장 내에 놓았을 때 표면에 전하가 유기되는 현상의 측면에서 절연체를 유전체라고 한다.

• 비유전율 εr : 진공에서의 유전율(ε_0)과 절연재료의 유전율 ε과의 비($\varepsilon/\varepsilon_0$)

절연재료	비유전율
공　기	1
증류수	82
절연유	2~2.4
하드 페이퍼	4~8
마이카	6
유　리	8
세라믹	10~10,000

• 유전체의 분극 현상

부도체는 자유전자가 없어 전하가 이동하지는 않지만 전극에 가까이 위치하면 전하의 배열이 규칙적으로 되어 전기적 방향성을 띄게 된다. 이것을 유전체의 분극(polarization) 현상이라고 한다. 다음의 그림처럼 전기장이 없는 경우에는 전기쌍극자가 무질서하게 분포되어 절연체의 성질을 띄고 있다가 전기장이 가해지면 쌍극자가 전기장의 방향으로 정렬되어 전기를 저장하게 된다. 전기쌍극자가 많을수록 이러한 현상은 강하게 나타나며 **유전율(誘電率)이 높은 물질**이 된다.

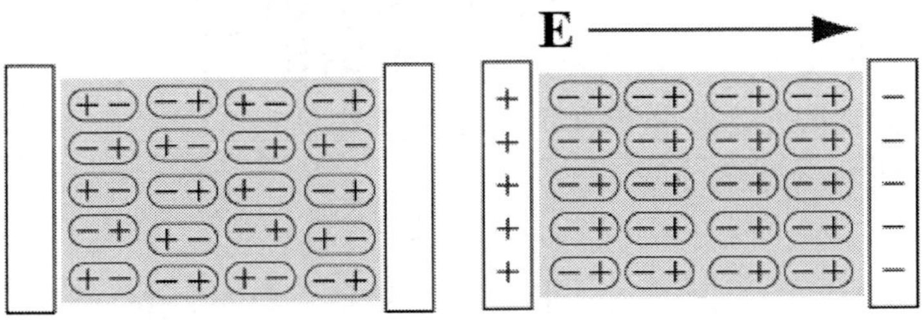

• 콘덴서 기호와 단위

명 칭	기 호	단 위
세라믹, 마일러 등 극성 없음	0.1μF	• 알파벳 약호 : C • 단위 : F, μF, pF
	3pF	
전해콘덴서, 탄탈전해콘덴서	47μF	

(2) 콘덴서의 충전과 방전

콘덴서에 직류 전압을 가하면 양극에는 (+)전하가 음극에는 (-)전하가 축적된다. 축적되는 중에는 전류가 흐르고 콘덴서 용량만큼 충전이 완료되면 더 이상전류는 흐르지 않는다.

① 충전과정 : 전압이 걸리는 그 시점에는 순간적으로 많은 전류가 흐르기 시작한다. 콘덴서에 인가되고 있는 전압만큼 점차적으로 높아지면서 두 극판에는 전하의 축적이 이루어진다. 전하가 계속 축적 되어가면 +극과 —극의 전위차가 줄어들면서 전류의 흐름은 점차적으로 줄어든다. 축적된 전하에 의한 두 극판의 전위차가 인가전압과 같아질 때까지 계속된다.

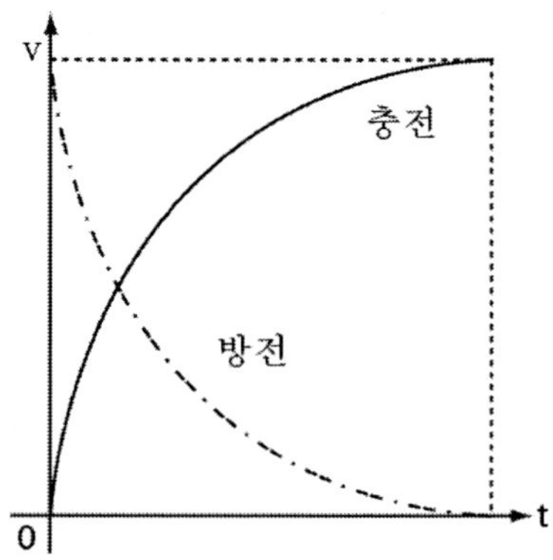

전원 전압과 콘덴서에 걸리는 전압이 같아지면 충전이 완료된다. 이 상태에서 전원을 끊어도 두 극판에 축적된 반대 극성의 전하에 의한 정전유도작용으로 충전 상태는 계속 유지된다.

② 방전과정 : 콘덴서에 인가되는 전압이 충전시 인가된 전압보다 낮거나 혹은 단락회로가 형성되면 전하는 충전시와는 반대 방향으로 이동하면서 일부 혹은 전체가 소멸된다.

[예제] 용량이 1000[μF] 콘덴서에 12[V]의 전원을 연결하였다면 이 콘덴서에 축적되

는 전하량은 얼마인가?

풀이:

$Q = CV$ 에서

$1000 \times 10^{-6} \times 12 = 6 \times 10^{-4}$[C]

(3) 콘덴서의 종류

1) 알루미늄 전해콘덴서

알루미늄 얇은 막에 전기 화학적으로 산화피막을 만들고 알루미늄박을 양극, 산화피막을 유전체, 전해액을 음극으로 만든 것으로 콘덴서에 극성이 생긴다. 극성을 잘못 접속하거나, 사용전압이 너무 높으면 콘덴서가 파열된다.

① 유전체를 매우 얇게 할 수 있어 체적에 비해 큰 용량을 얻을 수 있다.
② 극성이 있어 일반적으로 콘덴서 자체에 마이너스 측 리드를 표시하는 마크와 함께 인가전압 및 용량이 표시되어 있다.
③ 1μF ~ 수천μF, 수만μF 까지 큰 용량 생산
④ 전원의 평활회로, 저주파 바이패스 등에 사용되며, 코일 성분이 많아 고주파에는 적합하지 않다.

• 전해질(電解質) : 소금은 물에 녹으면 Na+ 입자와 Cl- 입자의 형태로 이온화된다. 즉 전하를 띤 이온들이 물 속에 녹아 있는 것이다. 물에 녹였을 때 이온 상태로 존재하는 물질을 전해질이라 한다. 설탕처럼 물에 녹아 전류를 흐르게 하지 못하는 물질은 비전해질이라 한다. 전해질은 물에 녹아 전하를 띤 입자를 만들기 때문에 전류를 흐르게 할 수 있다.

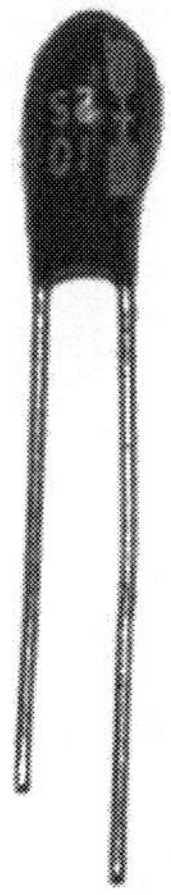

2) 탄탈 전해콘덴서 (tantalum condenser)

탄탈 얇은 막에 산화피막을 입혀서 알루미늄 전해콘덴서와 같이 제조한다. 극성이 있다.

① 콘덴서 자체에 +의 기호로 전극을 표시하고 있다.
② 온도에 의한 용량변화가 엄격한 회로나 어느 정도 주파수가 높은 회로 등에 사용된다.

3) 세라믹 콘덴서

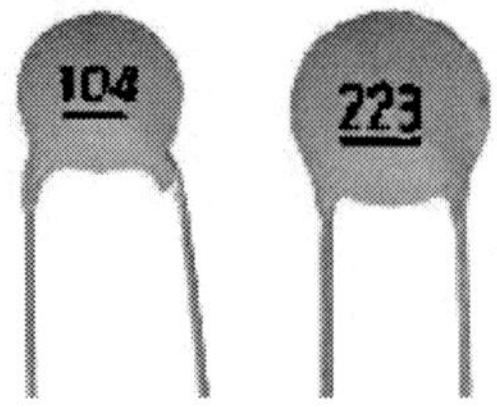

유전체로 티탄산바륨(Titanium-Barium)과 같은 유전율이 큰 재료가 사용된다. 충방전 속도가 빨라서 주로 고주파회로 혹은 디지탈회로의 잡음방지용으로 사용된다.

① 전극의 극성이 없으며, 인덕턴스가 적어 고주파 특성이 양호한 특징,
② 고주파의 바이패스에 일반적으로 사용되며, 용량은 작다.

4) 적층 세라믹 콘덴서

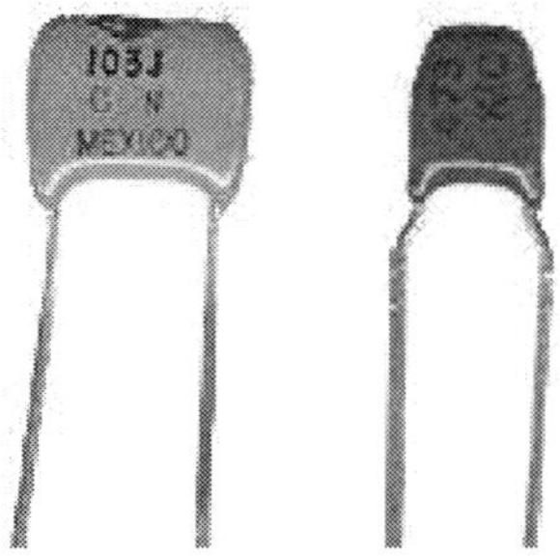

전극간의 유전체로 고유전율계 세라믹을 다층 구조로 사용한다.

① 온도 특성, 주파수 특성이 양호하고, 소형이다.
② 극성 없으며, 주파수 특성 양호, 소형이라는 점 때문에 디지털회로의 바이패스용으로 사용
③ 온도 특성 양호

5) 폴리에스테르 필름 콘덴서 (마일러 콘덴서)

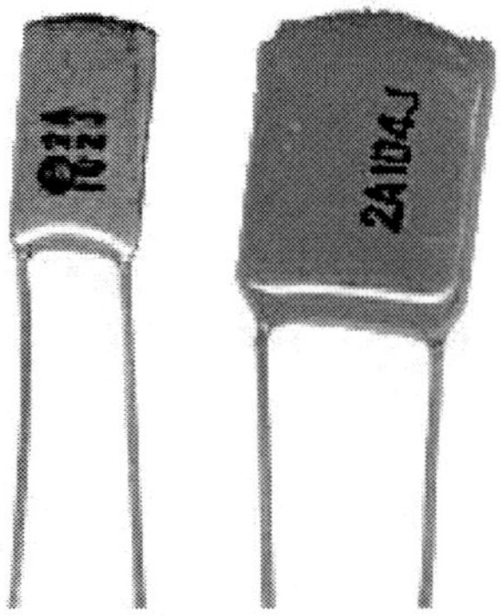

일반적으로 마일러(Mylar) 콘덴서라고 한다. 얇은 금속박을 POLYPROPYLENE 필름으로 감은 구조를 한다. 주로 음성주파수 대역의 회로 등에 사용한다.
① 가격이 저가이나 정밀도는 낮다.
② 전극의 극성은 없다.

6) 가변용량 콘덴서

사용자가 용량을 변화시킬 수 있는 콘덴서이며, 주로 주파수 조정 등에 사용한다.

- 트리머(trimmer) : 유전체로 세라믹(자기)를 사용한다. 회로기판에 탑재하여 드라이버를 이용하여 용량 값을 조정한다.

• 바리콘(varicon: variable condenser) : 몇 장의 고정극판 사이에 회전극판을 회전해서 면적을 변경하여 정전용량을 변화시키는 구조로 되어 있다. 텔레비전, 라디오 송수신기의 동조용(同調用)으로 사용한다.

트리머

바리콘

7) 가변용량 다이오드 (VARACTOR DIODE)

반도체인 다이오드에 역방향으로 전압을 걸면 공핍층의 형성에 의해 용량값을 가지는 특성을 이용한 것으로 다이오드의 양단에 공급되는 전압에 반비례하여 정전용량값이 결정된다. 전자식 라디오 튜닝을 가능하게 해서 디지털 동조회로나 주파수 변조회로에 사용이 필수적이다.

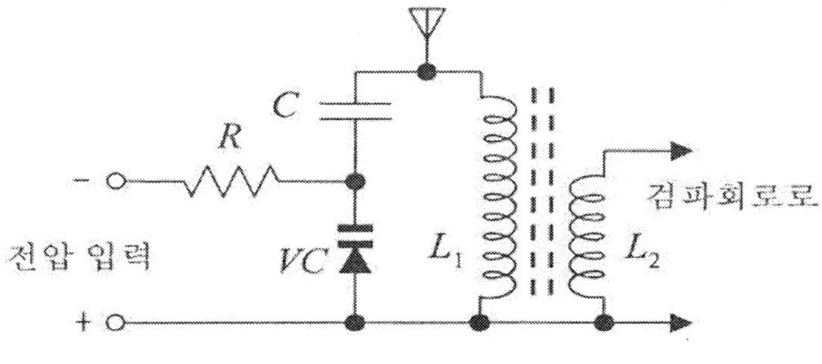

8) 수퍼 커패시터(Super Capacity)

보통 1F 정도의 용량을 가지는 데 이것은 1μF의 1억배에 해당하는 용량으로 작은 배터리처럼 동작한다고 할 수 있다. 100F/2.7V의 수퍼커패시터는 100A/2.7V의 전류를 1초동안 사용할 수 있는 에너지를 저장한다. 이와 같은 대용량의 콘덴서를 사용할 때는 각별한 주의가 필요하다. 초대용량인데 비해 비교적 형태가 작고 극성이 있다.

(4) 콘덴서의 용량 표시

콘덴서에 용량을 나타내는 3자리의 숫자가 표시되는데 앞의 2자리 숫자가 용량의 제1숫자와 제2숫자이고, 제3숫자가 승수가 된다. 표시의 단위는 pF로 되어 있다.

- 예를 들면, 344이면 34×10^4 = 340,000 pF = 0.34 ㎌로 된다.
  473은 47 × 103 = 47,000 pF = 0.047㎌이다.

- 100pF 이하의 용량은 값을 직접 표시하고 있다. 즉, 2는 2pF를 의미한다.

- 콘덴서 용량값 읽기 예

콘덴서	기호	용량계산	용량	M	K	J
				±20%	±10%	±5%
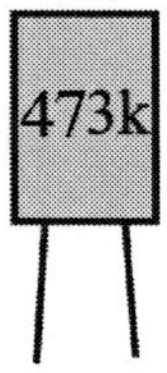	473K	47×10^3 = 47,000pF	0.047㎌		O	
	223K	22×10^3 = 47,000pF	0.022㎌		O	
	12		12pF			

3 인덕터(Inductor)

인덕터는 동선과 같은 긴 도선을 나선형으로 감아서 자속을 발생시키는 소자이다. 소자의 양단에 걸리는 전압이 시간적인 변화에 비례하는 것으로 이러한 비율을 인덕턴스라고하고 단위로 헨리(H)를 사용한다.

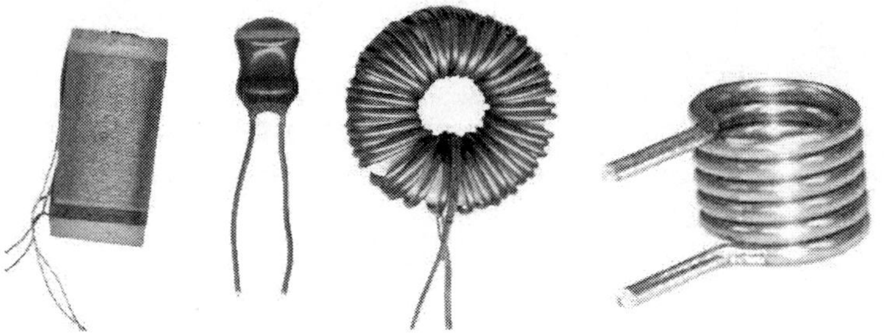

• 인덕터는 전기전자회로에서 동조회로, 지연회로, 여파기(FILTER), 평활회로, 고주파 차단과 감쇄 등의 회로에 광범위하게 사용한다.

(1) 인덕터의 기호와 표기

• 기호

구 분	기 호	비 고
공심코어	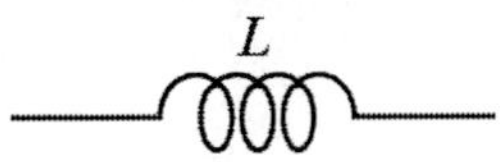	
철심/자심코어	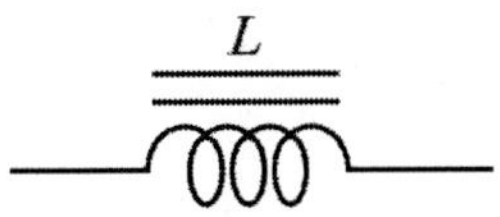	
가변	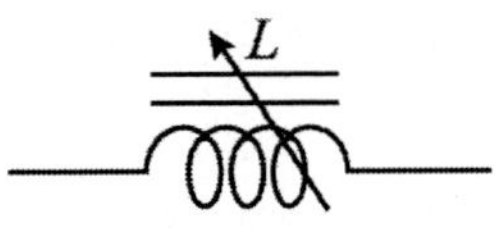	

• 표기

인덕터에 인덕턴스의 크기를 표기하는 방법 2가지가 있다. 색깔로 표기하는 방법과 숫자로 표기하는 법이다. 색 표기 방법은 저항의 경우와, 숫자표기방법은 커패시터의 경우와 같고 단위가 μH이다.

철심 인덕터에서 주파수가 높아지면 도체인 철심 자체가 코일의 역할을 하려고 하여 생기는 손실 (와류손)이 커져서 실용적이지 못하므로 자심 인덕터를 사용한다.

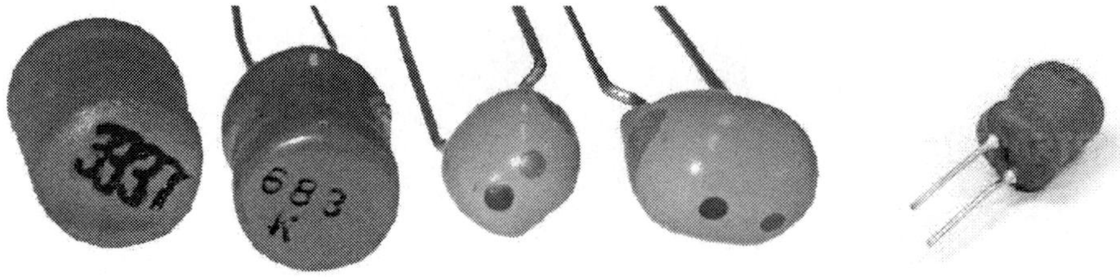

* 자심 : 금속의 분말을 압축 성형한 DUST 코어, 금속산화물의 분말을 소결하여 압축 성형한 FERRITE 코어가 있다. 일반적으로 페라이트 코어가 주로 사용되며 AM 라디오 내부의 바 안테나는 자심 코어로 절연체가 되기 때문에 와류손을 방지할 수 는 있지만 경도가 약하다.

(2) 인덕터의 사용 기능

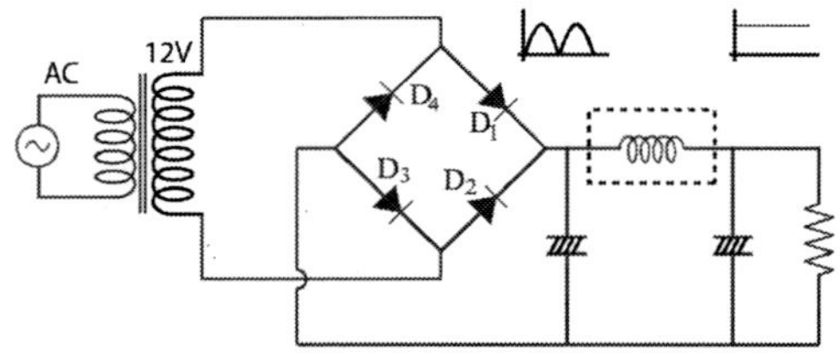

① 전류의 변화를 억제하는 성질 : 교류, 맥류 등의 전류의 변화를 방해하는 성질을 사용(전원회로의 평활회로, 잡음방지회로, 쵸크 코일, 고주파 코일, 잡음방지용 트로이달 코일, 라인필터 등)

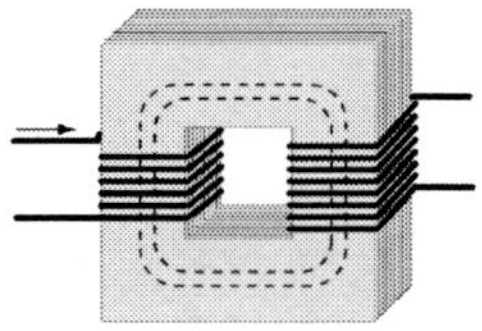

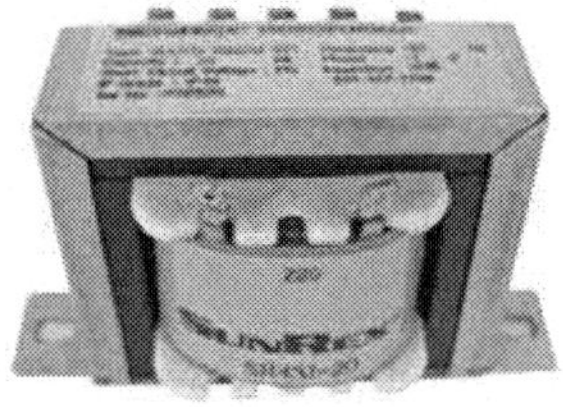

② 상호유도작용 : 두 코일을 가까이 하면 한쪽 코일의 전력을 다른 쪽 코일에 전달할 수 있는 작용 (변압기, 트랜스, 임피던스 매칭용, 중간주파트랜스 등)

③ 전자석의 성질 : 전류가 흐르면 자성체를 끌어당기는 성질. (릴레이, 전자석, 솔

레노이드, 스피커 등)

④ 공진하는 성질 : 코일과 콘덴서를 조합하여 특정주파수의 교류전류가 흐르지 않거나, 쉽게 흐르도록 하는 성질 (라디오의 튜너, 중간주파트랜스, 바 안테나, 각종 공진회로, 밴드패스 필터 등)

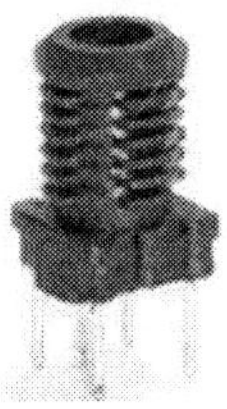

(3) 감는 방법에 따른 분류

① 한개의 선 : 하나의 선으로만 구성된다. 인덕터의 크기가 작아 매우 높은 주파수 영역에서 사용하고 페라이트 비즈를 끼워 사용한다. PCB 패턴을 이용하기도 한다.

② 솔레노이드 코일 : 솔레노이드 코일은 코일의 원리를 잘 이용한 것으로 긴 원통에 코일을 감은 것이다. 가장 많이 사용하는 형태이다.

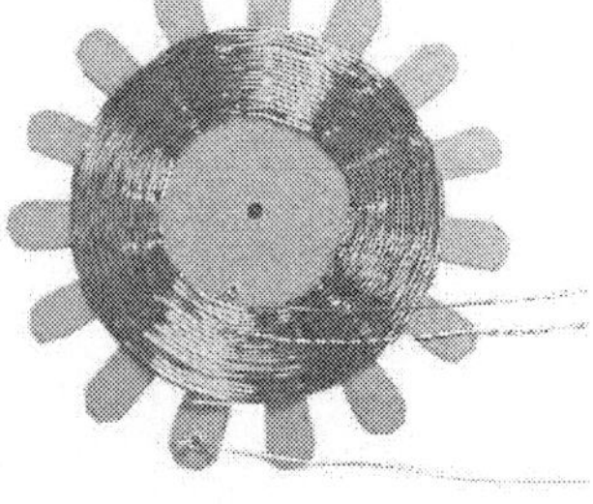

③ 스파이더 코일 : 라디오 안테나용으로 평면에 선을 거미집형태로 만들어 사용했으나 오늘날에는 평면 코일, 칩 코일 등에 사용된다.

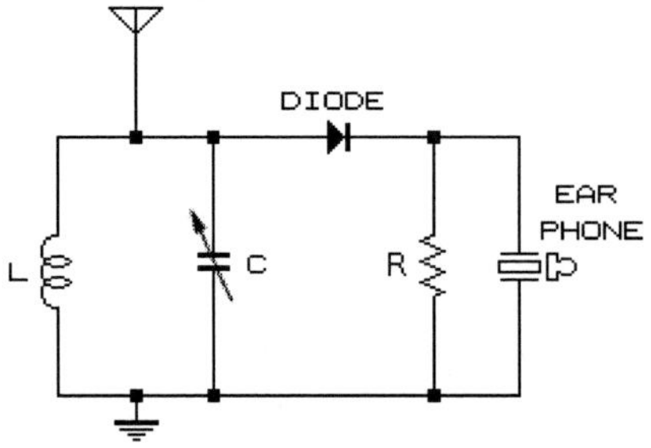

④ 트로이달 코일 : 솔레노이드 코일을 구부려 고리 같은 형태로 만들어 자로가 폐회로를 구성하기 때문에 누설자속이 적고 효율적이어서 소형으로 큰 인덕턴스를 만들 수 있다.

- 다음은 전류와 자기의 관계를 나타내었다.

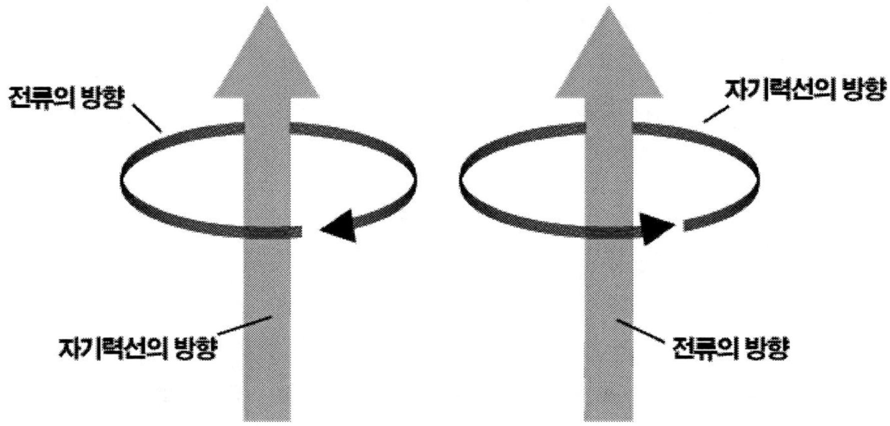

제3장 테스터사용법

1 테스터 사용법

테스터(Tester)는 회로시험기(Circuit Tester), 멀티테스터(Multi Tester)를 줄여서 부르는 말이며 전기, 전자 분야에서는 측정을 위해 많이 사용되는 도구이다.

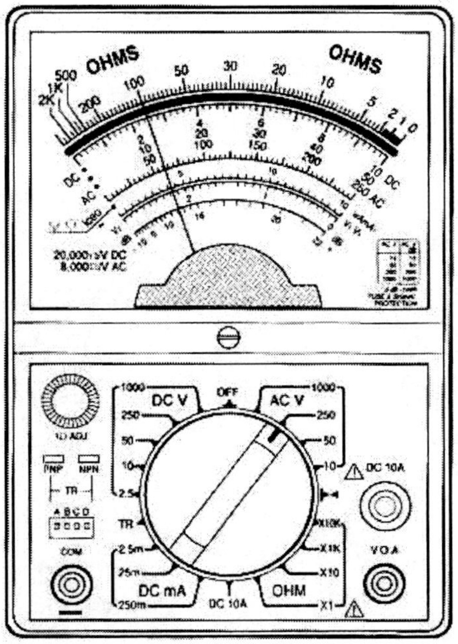

측정대상 : 직류 전압, 전류, 교류전압, 저항, 커패시터, 코일의 간이테스터, 단선 유무 테스터 등을 기본으로 측정한다.

부가기능 : Diode 및 LED측정, TR 극성 및 양부측정, 데시벨(dB) 측정 등

• 테스터에는 두 종류의 전지가 사용된다. 1.5V전지 두 개(3V)와 9V 전지를 사용한다. ×1R ~ ×1K 렌지까지는 3V 전지를 사용하고 ×10K 렌지는 9V전지를 사용한다.

따라서 각각의 저항 렌지에서 영점 조정이 안될 때는 해당전지를 새것으로 교체해야한다.

(1) 측정 방법

주의 : 테스터를 저항을 측정하는 렌지에 두고 전원장치에 직접 연결하여 저항값을 측정하면 손상을 초래할 수 있다. 저항렌지에는 저항만 측정해야한다.

1) 저항 측정

① 기계적 영점⊖을 조정한다. (바늘이 왼쪽 끝에 일치하도록 드라이버로 조절한다.)
② 렌지의 중간인 1KΩ을 선택한다.
③ 테스터 리드를 서로 접속하여 영점 손잡이◎를 이용해서 영점을 조절.
④ 저항기 양단에 테스터 리드를 연결하여 값을 읽는다. 저항은 극성이 없다.
⑤ 가르키는 눈금 값과 렌지의 배율을 곱하여 값을 읽는다.

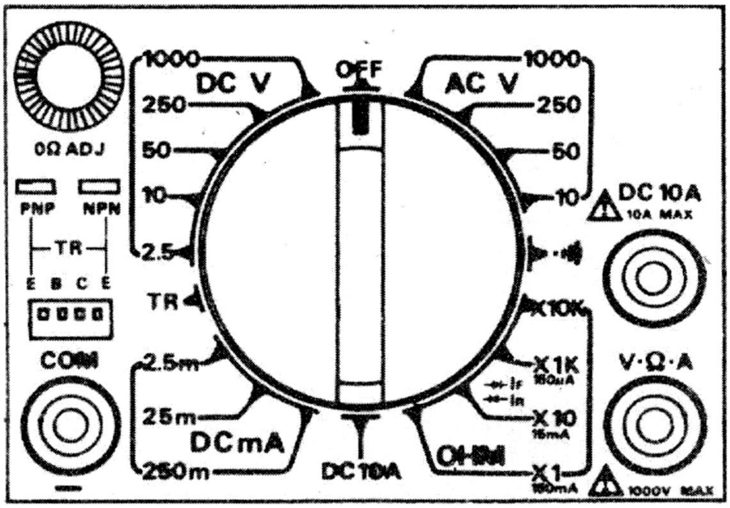

실습 : 저항 측정하기

No	컬러코드				표시값	측정값1	측정값2

2) DC전압 측정

① 직류전압의 크기를 모를 때는 높은 전압 렌지를 선택한다.

② 극성이 있어 적색 단자막대를 +에 검정색 단자 막대를 —에 연결한다.

③ DC 눈금판에서 렌지에 맞는 눈금을 읽는다.

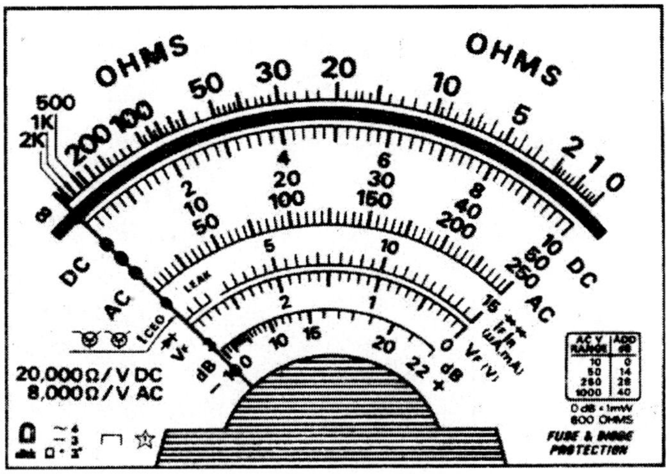

실습 : DC전압 측정

직류전압원	표시값	측정값	비고
건전지			
건전지			
어댑터			
수은전지			

3) 직류전류 측정

① 정확하게 모르는 전류를 측정할 때는 높은 렌지를 선택한다.

② 테스터는 회로를 끊고 직렬로 연결한다.

③ 극성이 있어 적색리드는 +에 검정색 리드를 —에 연결한다.

④ 전류렌지 설정하고 전압을 측정하면 즉시 계기의 파손 위험이 있다.

실습 : 직류전류 측정하기

① 브레드보드에 다음의 회로와 같이 저항과 직류전원을 연결한다.

② 각 지점들에 해당되는 부분의 선을 분리시켜 테스터를 직렬로 연결하여 직류 전류를 측정한다.

③ 반드시 전류가 흐르는 방향에 대해 극성을 확인한다.

④ 측정하고자 하는 전류의 크기를 모를 때는 가능한 큰 렌지의 전류값을 선택한다.

⑤ 확인한 값을 다음의 표에 작성한다.

⑥ 이론적으로 계산한 전류 값과 비교해본다.

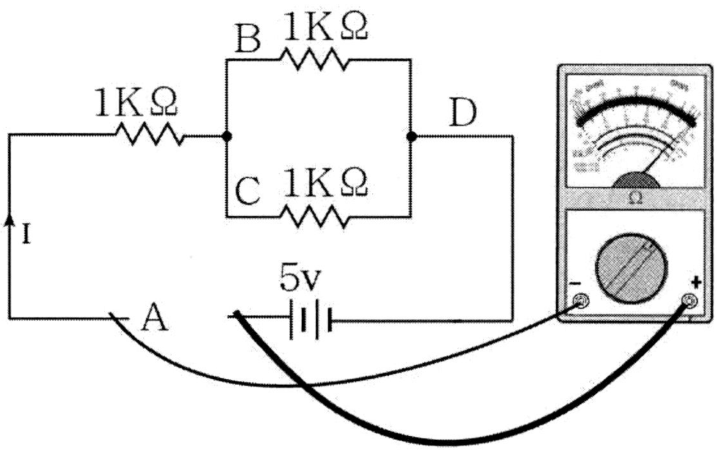

측정점	기호	계산값	측정전류값	비고
A	I_A			
B	I_B			
C	I_C			
D	I_D			
LED				

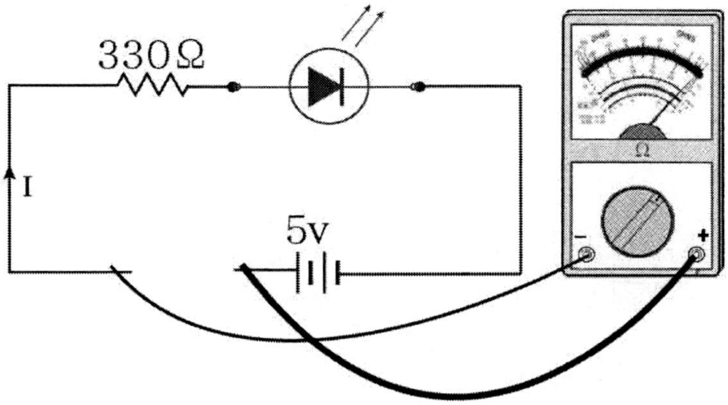

4) 교류전압 측정

교류전압을 측정할 때는 테스터의 교류전압 렌지설정을 꼭 확인한다.

① DC 전압 측정방법과 같지만 극성이 없다.

② 교류의 주파수는 보통 1KHz 이내의 범위에서 사용한다.

실습 : 교류전압 측정하기

교류사용은 감전의 위험이 있어 항상 주의해야한다

① 아래의 그림과 같이 회로를 구성한다.

② 트랜스포머의 1차측 220V를 측정하기위해 렌지를 AC 250V 렌지에 둔다.

③ 테스터를 사용하여 측정한다.

④ 트랜스포머의 2차측 교류전압을 측정하기위해 렌지를 적당한 크기로 설정하고 측정한다.

측정위치	테스터 렌지	측정값	비 고
1차	0 - 220V		
2차	0 - 6V		
	0 - 9V		
	0 - 12V		
	6V - 9V		

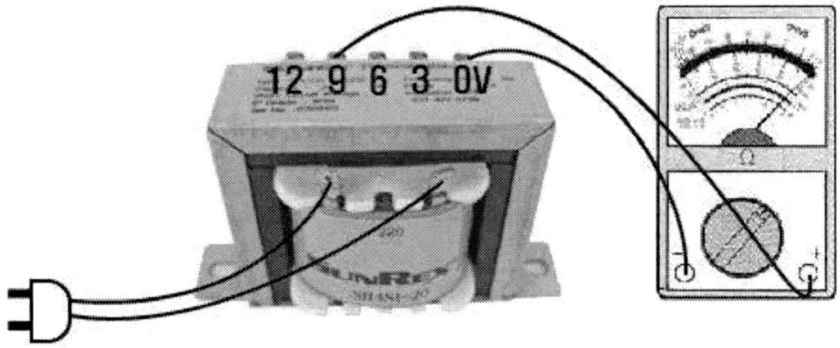

5) 교류전류 측정

테스터로 직접 교류전류를 측정할 수 는 없다. 저항을 연결해 전압을 측정해서 전류를 계산한다.

실습 : 교류전류 측정하기

① 1KΩ 저항을 측정지점에 그림과 같이 연결하고 교류전압을 측정한다.

② V=IR 식에서 교류전류를 계산한다. 1Ω 저항을 연결하고 측정하면 V = I가 된다.

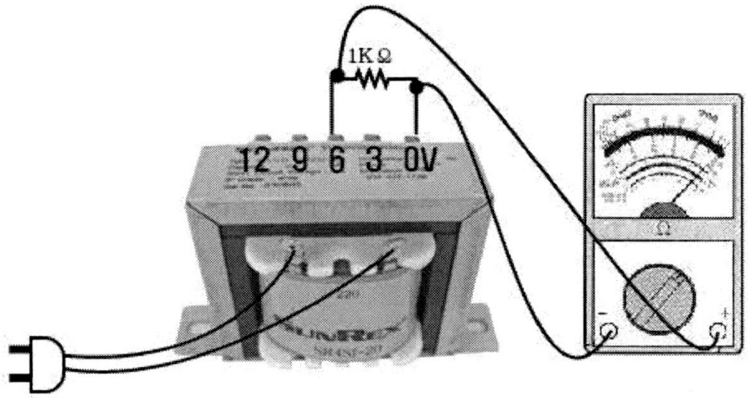

6) 도통(단선)테스터

선이 끊어져 있는지, 접점의 상태가 나빠져 전류가 흐르는지 등을 점검 할 수 있다.

실습 : 도통(단선)테스터

① 대부분의 테스터에 도통테스터 기능을 두어 선이 연결되어 있으면 삐~ 하는 소리가 나도록 되어있다.

② 저항렌지 옆 🔊 경보음 표시에 렌지를 선정하고 테스터 리드를 측정물 양 끝에 연결한다.

7) 커패시터 테스터

커패시터 콘덴서의 양, 불량을 간단하게 측정할 수 있으나 용량을 측정할 수는 없다.

실습 : 콘덴서 측정

① 커패시터의 양부를 간단하게 테스터 할 수 있다. 저항렌지 100Ω 혹은 1KΩ을 선택한다.

② 커패시터에 테스터의 단자를 연결하면 크게 움직였다가 0점으로 복귀한다. 극성을 반대로 연결하면 바늘이 더 크게 움직인다.

③ 용량이 적을수록 높은 저항렌지를 선택한다.

④ 바늘이 0 혹은 ∞를 가르키면 내부 단선인 것으로 판단할 수 있다.

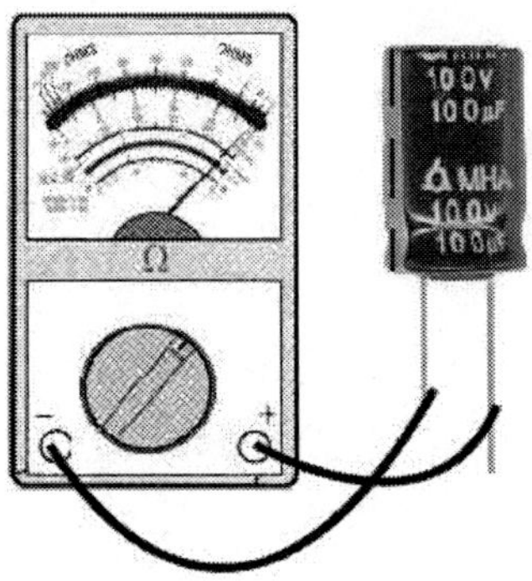

콘덴서	용량값 기록	양, 불량
전해콘덴서		
전해콘덴서		
세라믹		
세라믹		
마일러		

8) TR 테스터

① 멀티테스터 제품중에는 부가기능으로 트랜지스터의 양, 부를 판단할 수 있는 기능이 있는 것들도 있다.
② TR의 누설전류 I_{CEO}를 측정할 수 있는 기능도 제공한다.
③ 테스터를 이용하면 TR의 에미터(Emitter), 콜렉터(Colector), 베이스(Base)를 찾을 수 있다.

실습 : 트랜지스터 극성 찾기

베이스 단자 찾기

① 저항렌지를 100Ω 혹은 1KΩ에 두고 하나의 테스터 리드를 임의의 TR 단자에 대고 남은 테스터 리드를 TR의 남은 단자에 교대로 대어본다.
② 이때 테스터가 0Ω 부근의 작은 저항값을 지시하는 접속 상태에서 PNP TR이면 적색테스터 리드에 연결된 단자가 Base이고, NPN TR이면 흑색테스터 리드에 연결된 단자가 Base가 된다.

컬렉터단자 찾기

① 저항렌지를 10KΩ에 두고 TR의 베이스이외 나머지 두 개의 단자에 테스터 리드를 교대로 대어본다.
② 테스터가 작은 저항값을 지시하는 접속상태에서 PNP TR이면, 흑색테스터 리드에 연결된 단자가 Collector이고 NPN TR이면 적색테스터 리드에 연결된 단자가 콜렉터가 된다.
③ 나머지가 Emitter가 된다.

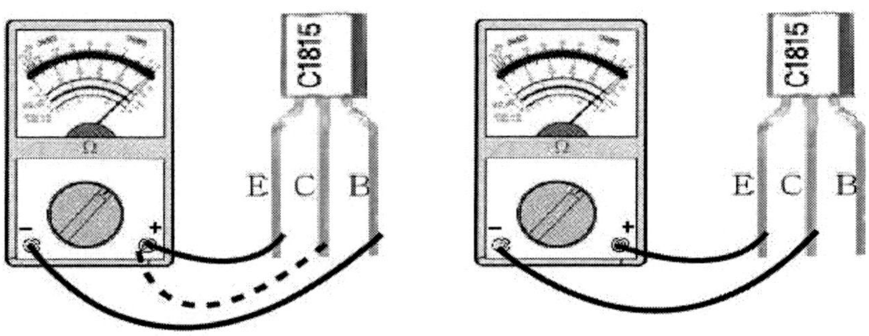

TR	극성 표시	비고
PNP		
PNP		
NPN 2SC1815		
NPN 2SD288		

9) 다이오드 테스터

① 테스터는 100Ω 렌지를 선택한다.

② 다이오드 단자 양쪽에 테스터 리드를 대어본다. 그리고 반대로 대어본다. 한번은 저항값이 작게 나타나고 다른 한번은 큰 저항 값이 나타난다.

③ 저항값이 작게 나타난 경우 흑색테스터 리드에 연결된 다이오드 단자가 애노드(+)가 되고 나머지는 캐소드(-)가 된다.

실습 : 다이오드 극성 및 양, 불량 찾기

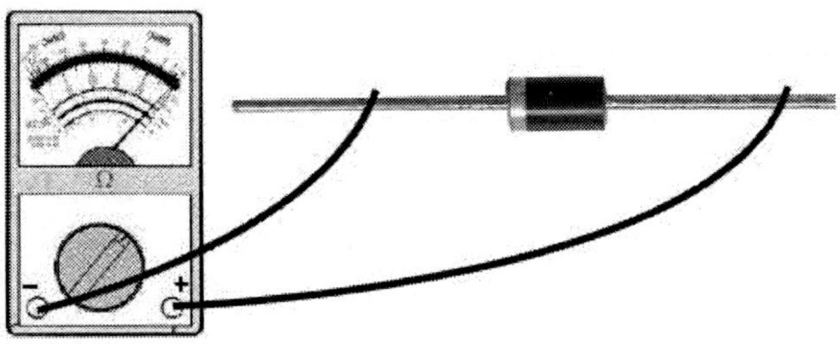

다이오드	다이오드를 그려서 A, K 표시	양, 불량 표시
1N4001		

10) 발광다이오드(LED) 극성 찾기

발광다이오드는 극성이 있다. 제품으로 만들어져 나오는 LED는 +의 다리가 길게 만들어져 있어 외형적으로만 보아도 판별 할 수 있으나 양품인지 판별을 위해서는 테스터를 사용해서 확인해야 한다.

① 다이오드와 비슷한 특성을 가지고 있어 극성을 가지고 있다.
② 발광다이오드는 10mA 정도 전류가 흐르면 켜진다.

실습 : 발광다이오드(LED) 극성 찾기

① 테스터를 저항렌지 10Ω에 둔다. 10Ω 렌지에는 15mA가 흐른다고 표시되어 있다.
② 테스터 리드를 LED양단에 교대로 대어봐서 LED가 켜지도록 한다.
③ LED가 켜질때 흑색테스터 리드에 연결된 LED 단자가 애노드(+)가 되고 적색테스터 리드에 연결된 부분은 캐소드(-)가 된다.

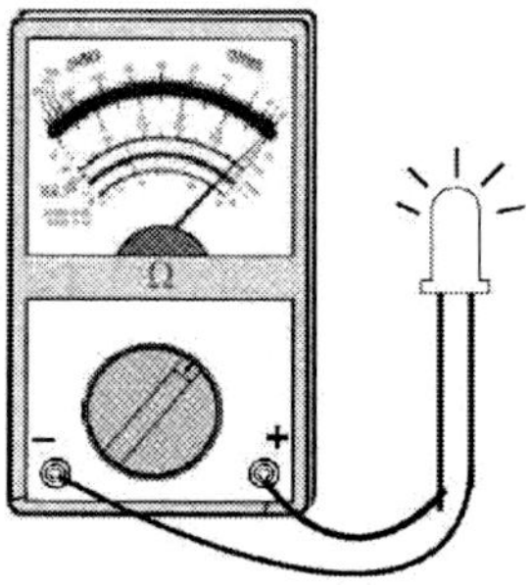

LED	그려서 A, K표시	양, 불량
적색		
황색		
고휘도 LED		

11) 클램프미터(후크미터)

일반 전류계나 멀티미터를 이용해서 직류전류 혹은 교류전류를 측정해야할 경우, 측정하고자 하는 곳에 직렬로 연결해야하므로 전원을 분리하거나 회로를 분리해야하는 불편함이 있다. 클램프미터를 사용하면 회로에 전기가 흐르고 있는 상태에서 전류를 간편하게 측정할 수 있다. 도선에 전류가 흐르면 발생하는 자기장의 변화를 이용하여 전류를 측정하게 된다.

주요특징은 다음과 같다.

① 측정범위가 0.1[A] - 2000[A]까지 커다.
② 내부에 마이컴이 탑재되어 있어 측정값들의 최대, 최소 등 표시

③ 홀소자를 사용한 자기회로의 직선성이 우수한다.
④ 전류의 방향도 표시
⑤ 휴대편리

실습 : 교류전압, 전류 측정하기

	교류전압	교류전류	기타
전기인두			
오실로스코프			
전원장치			

12) 측정의 오차

측정에는 다음과 같은 오차들이 있다.

① 측정기 자체의 허용오차

② 읽기, 눈금의 간격 등에 의한 오차

③ 전압계의 내부저항(V당 20KΩ 으로 10V렌지에 두면 테스터의 저항은 200KΩ)

아래 그림의 경우 40KΩ에 4V의 전압이 걸리지만 테스터의 내부저항에 의해 40KΩ // 200KΩ의 병렬합성저항 33.3K로 줄어들어 3.85V가 걸리게 된다.

오차율은 4V — 3.85V = 0.15V, 0.15V / 4 × 100 = 3.75%가된다.

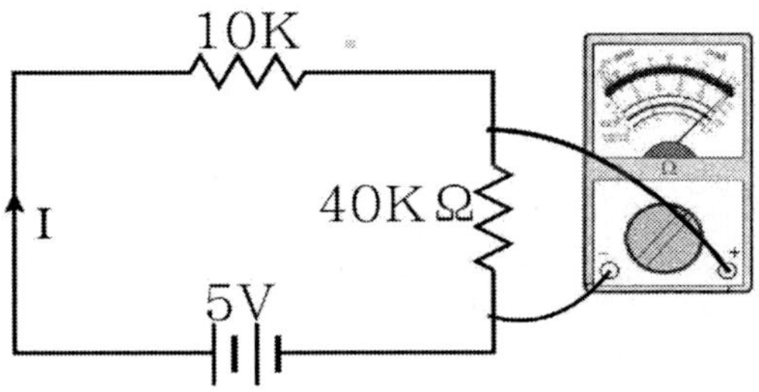

2 브레드보드와 기판

전기전자회로에 사용하는 회로를 구성하도록 얇은 절연판에 구리와 같은 얇은 도체를 붙여 제작한 것을 인쇄회로기판(PCB: Printed Circuit Board)이라고 한다.

인쇄회로기판에 전기전자 부품을 부착하기 위해서 납땜을 한다. 납땜을 하지 않고 간단히 회로를 구성해서 시험해보거나 특성을 파악하기위해 일시적으로 회로를 구성할 때는 브레드보드(Bread Board)를 사용하는 것이 편리하다.

(1) 브레드보드

아래의 그림이 브레드보드의 구성을 보인 것이다. 전원선으로 사용하는 2줄로 된 버스 스트립(Bus Strip)과 부품을 부착하는 소켓 스트립(Socket Strip)으로 구성되어 있다.

브레드보드는 부품을 꽂기에 알맞도록 설계되어 있으며 전선은 양쪽의 피복을 3mm ~ 5mm 정도 벗겨서 사용한다. 스트립들은 5개의 구멍이 연결되어 있는 구조로 되어 있다.

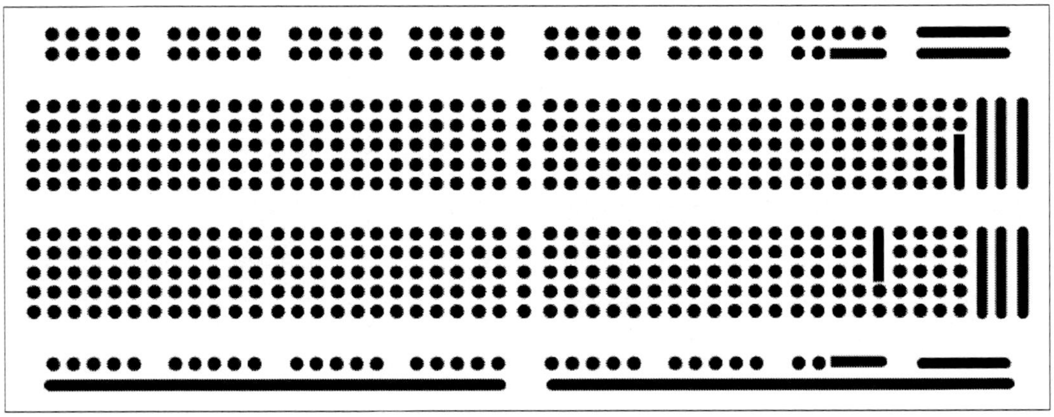

다음은 실제 실습에 사용할 브레드보드이다. 전원공급기에서 필요한 전원을 선택해 브레드보드에 연결해서 사용한다.

① 직류전원 공급기와 브레드보드를 연결

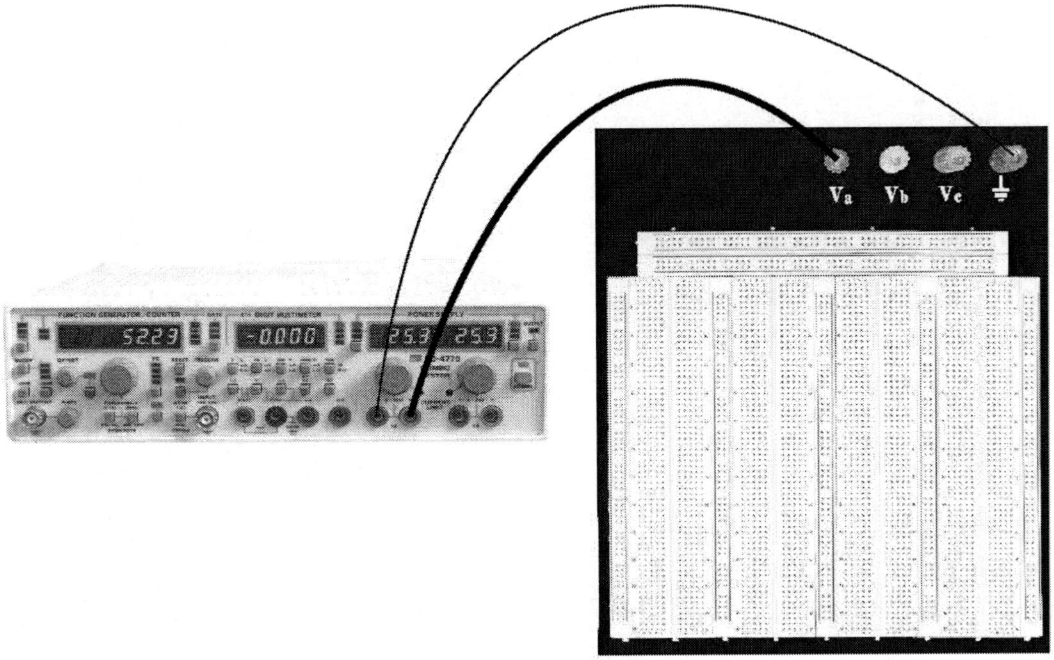

② 브레드보드에서 전원을 공급하기위한 선 연결방법

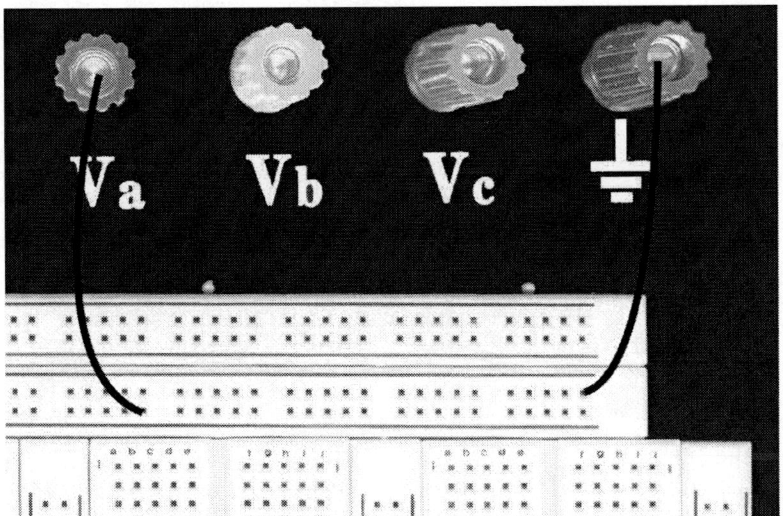

③ 브레드보드에 회로를 구성한 예

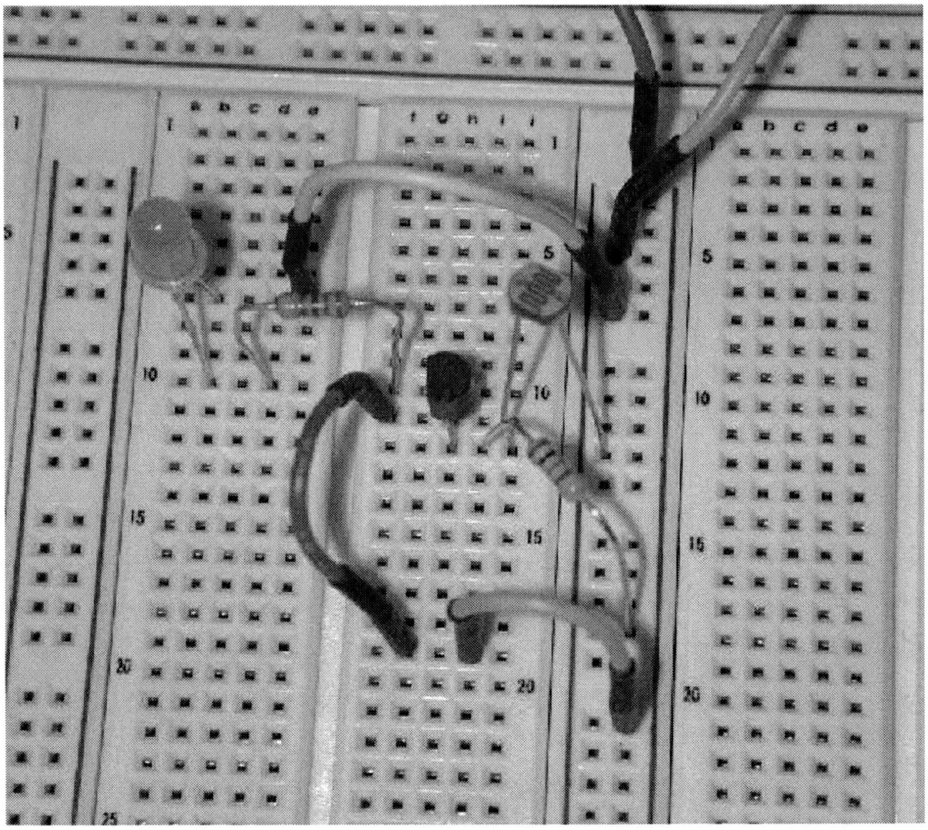

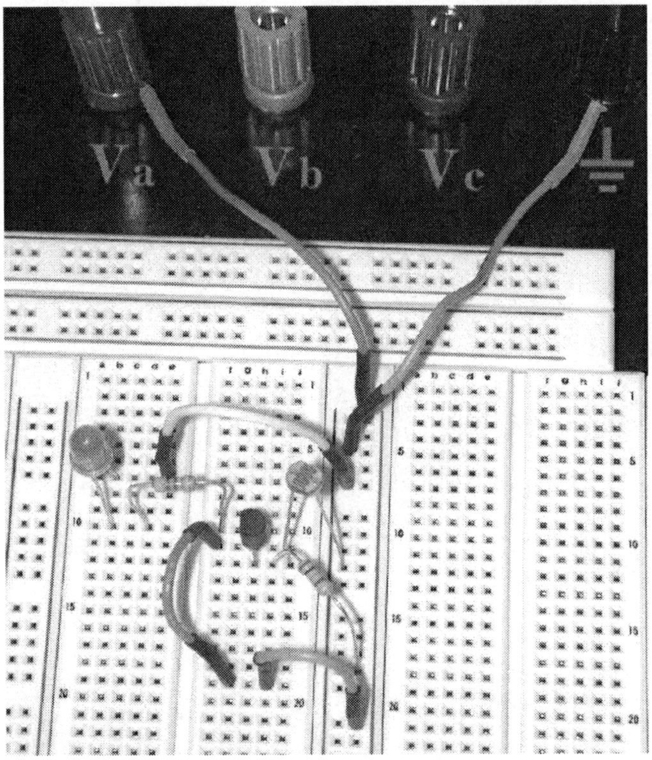

(2) 만능기판

만능기판은 부품을 끼워서 납땜할 수 있도록 동박면이 배치되어 있는데, 뒷면 혹은 양면으로 되어 있다. 용도에 따라 IC기판용, TR용, 커넥터용 기판이 있다.

(3) 패턴도

기판위에 부품을 회로도에 따라 용도에 맞게 효과적으로 배치하도록 만든 것이다.

남땜 수와 배선 그리고 교차부분을 가능한 줄여서 오동작과 잡음을 줄일 수 있다.

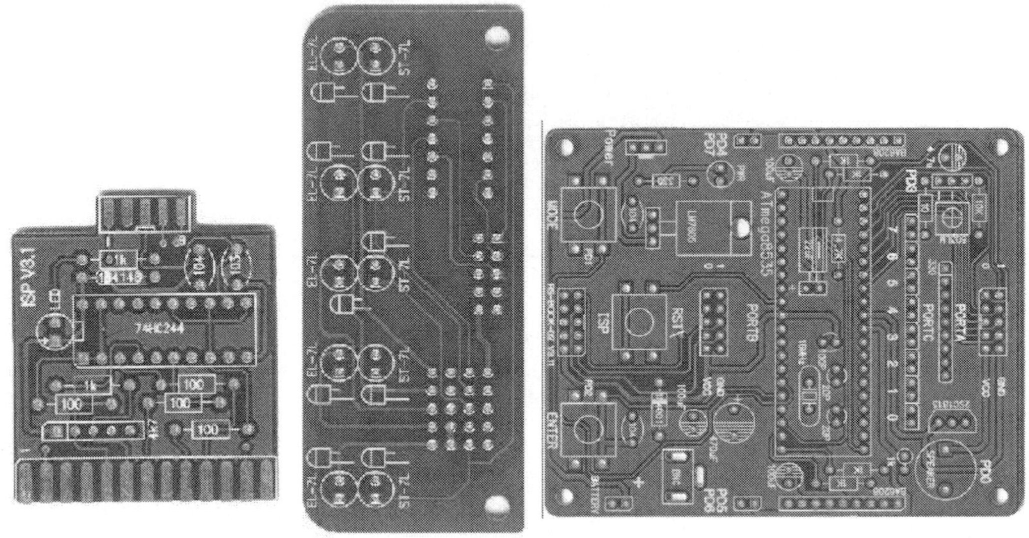

• 다음은 IC기판용에서 부품의 배치를 계획한 배치도이다. 일반용 만능기판에 부품 배치를 하기위해서는 만능기판을 복사기에서 복사해서 연필로 그려 넣으면 된다.

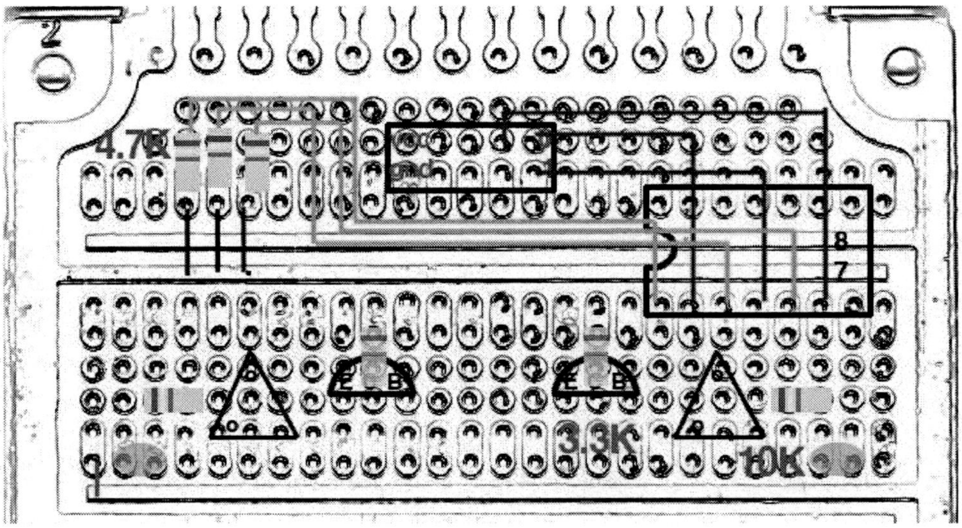

제4장 납 땜

1 납 땜

납땜은 땜납을 녹여 2개 이상의 금속제를 결합시켜 전류가 잘 흐르도록 만드는 것이다. 땜납의 성분은 일반적으로 전자회로 기판용으로 주석(Sn) 50%, 납(Pb) 46.43%, 구리 등 기타 미량 함유되어 있다.

(1) 전기인두

보통 열을 많이 빼앗기는 새시에 땜을 할 경우는 인두 열용량이 80W급을 사용하고 가정용 내선연결과 같은 범용 전자회로의 납땜용에는 30 ~ 40W급을, 인쇄회로 기판용으로는 20W급을 사용하면 된다.

(2) 전기인두의 납땜방법

① 전기인두의 팁 부분을 스펀지, 철수세미로 닦아낸다. 그리고 납땜하고자하는 금속 부분을 깨끗하게 한다.

② 납땜에서 중요한 점은 온도조절이다. 인두 끝이 230 ~ 280℃ 정도 되어야 적당하다.

③ 납이 녹은 상태에서 2초내로 접합을 완료한다. 3초 이상 열을 받으면 땜납 속의 송진이 증발해서 찌꺼기를 남기고 보호막이 없어져 납이 쉽게 산화한다.

④ 납이 녹는 것을 확인하고 적당하게 퍼지는 시간에 맞추어 짧은 시간내에 완료하는 것이 중요하다.

(3) 납땜 작업시 유의 사항

① 환기를 한다.

② 인화물을 납땜인두 근처에 두지 않는다.

③ 납땜인두는 반드시 인두 받침대에 안전하게 위치시킨다.

④ 인두팁에 손이나 옷이 닿지 않도록 주의한다.

⑤ 납땜위치에서 얼굴을 30Cm 정도 간격을 두어서 작업하되 지나치게 상체를 굽혀서 납 연기를 흡입하지 않도록 한다.

(4) 납땜의 5단계

① 납과 인두를 준비하고 작업대에 위치시킨다.

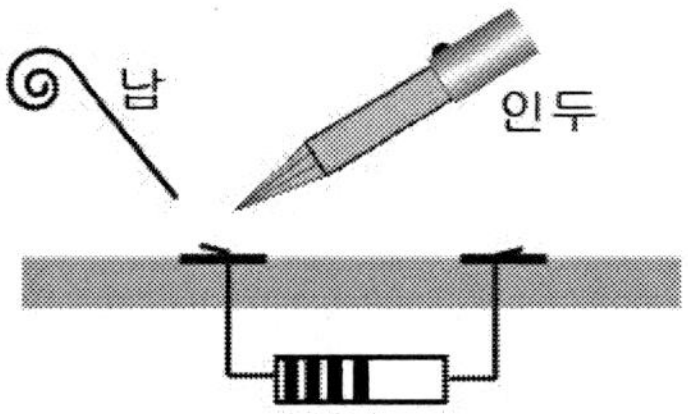

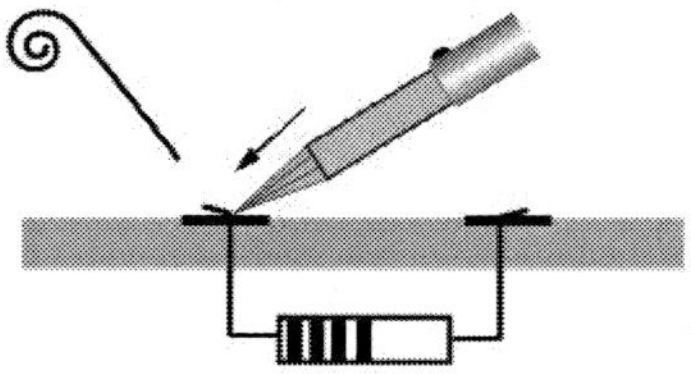

② 인두를 모재에 약간의 압력을 가해 1 ~ 2초정도 열을 가한다.

③ 납을 인두의 뾰족한 끝에 대고 녹여서 납이 퍼지는 것을 확인한다. 2초내로 완료한다.

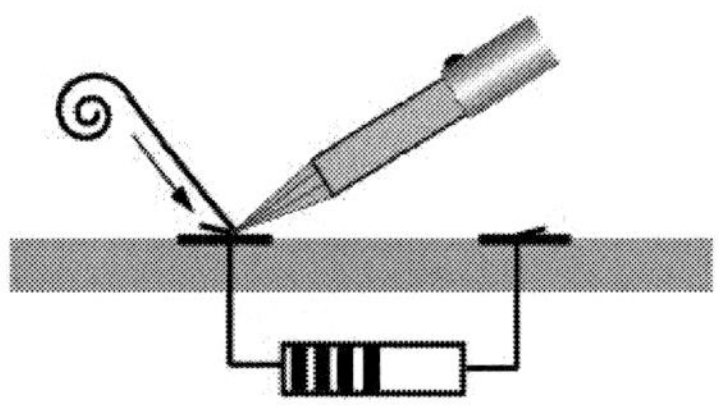

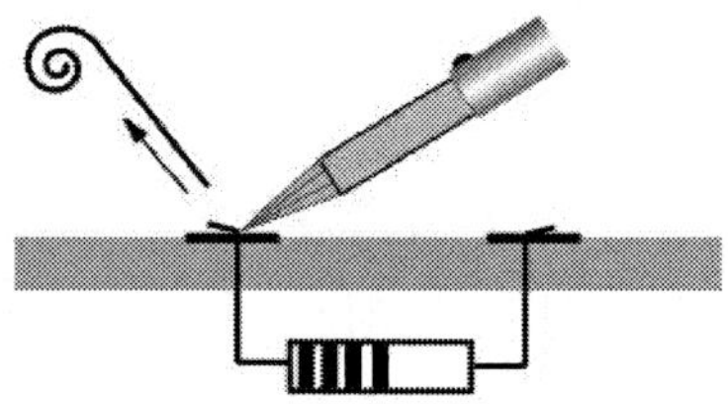

④ 납을 후퇴한다.

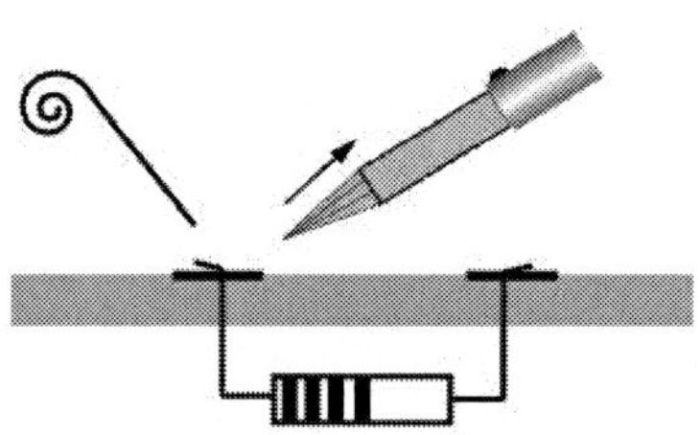

⑤ 인두를 모재에서 후퇴한다.

(5) 납땜 모양

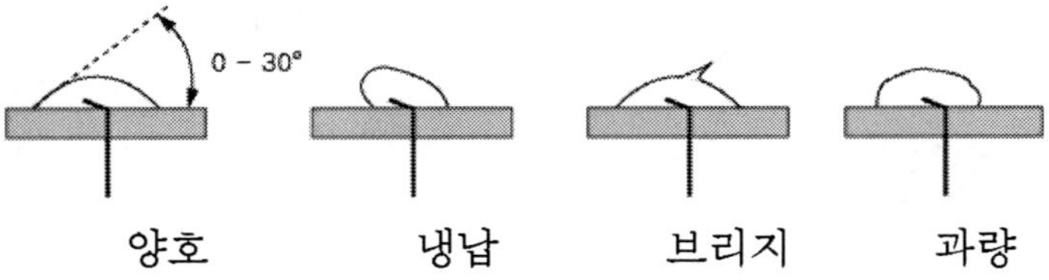

(6) 인쇄회로 기판과 부품 납땜 방법

기판에 부품을 삽입하여 납땜하는 경우는 다음의 그림과 같이 한다.

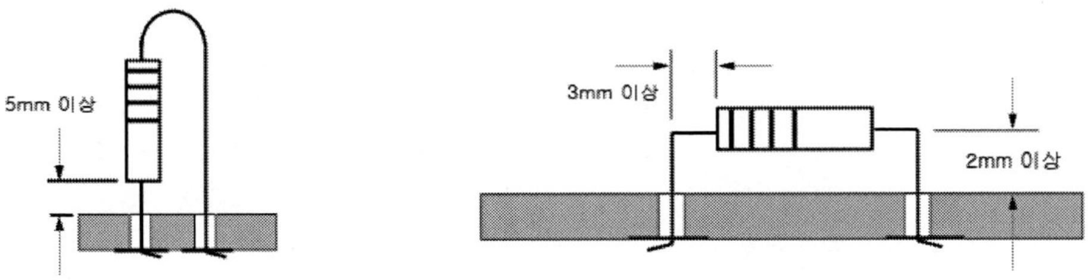

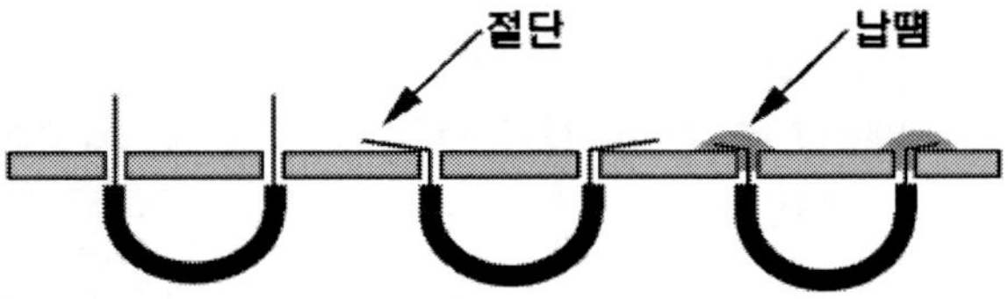

(7) 실납과 송진(플럭스)

실납의 굵기는 1~1.6mm 정도이고 중심에는 송진이 들어있다. 송진은 납보다 먼저 녹아서 표면을 청결히 하고, 납땜이 완료되면 납의 표면에 피막을 형성해서 산화를 방지한다.

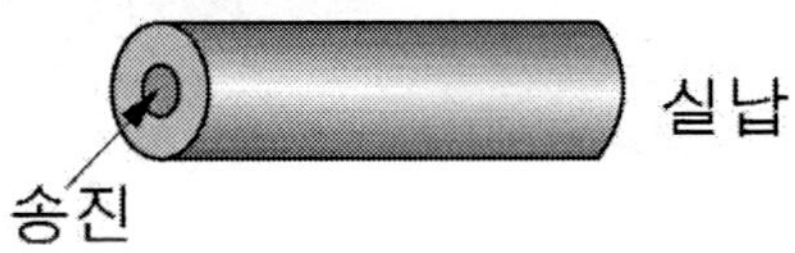

(8) 납땜 도구

다음은 납땜 작업을 할 때 필요한 도구들이다.

• 납흡입기 : 납땜이 잘못되었거나 부품을 제거해야 할 때 납을 녹여 빨아내는 도구이다.

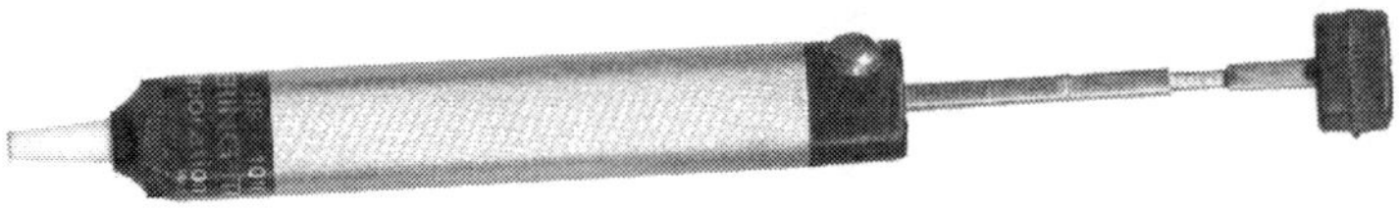

• 납제거선 : IC기판과 같이 복잡한 부분은 납흡입기 사용이 어렵다. 이러한 곳에는 녹인 납을, 가는 구리선이 촘촘하게 짜여진 납제거선으로 흡수하여 제거한다.

• 납땜 페이스트 : 납땜할 곳에 녹이 슬었거나 청결하지 못한 곳을 납땜할 때 페이스트를 바르고 납땜을 한다. 페이스트의 산 성분 때문에 납땜 후 깨끗이 닦아내어야한다.

• Wire Stripper : 선의 피복을 벗기는 도구이다. 선 굵기에 맞추어 사용하면 피복을 벗기는데 편리하다.

• 롱노즈와 니퍼 : 롱노즈는 선을 구부리거나 선을 집을 때 사용한다. 니퍼는 부품의 긴 선을 자르거나 도선을 자를 때 편리하다.

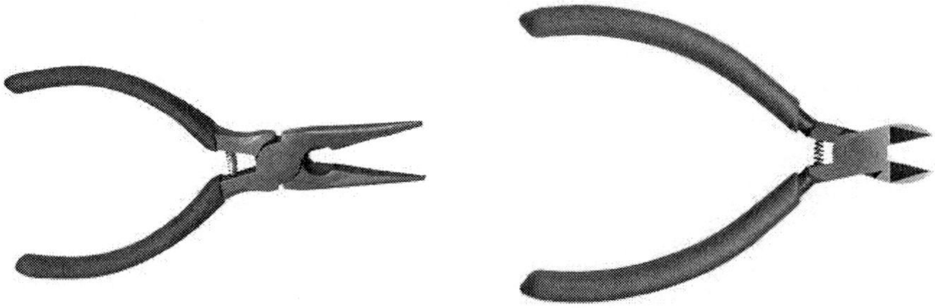

• 기판 받침대 : 기판에 납땜을 할 때 기판이 움직이지 않도록 고정시켜주는 도구이다. 부품이 기판에 부착된 상태에서 납땜할 때 특히 편리하다.

2 납 실습

1) 만능기판에 다음과 같이 연습을 한다.

① ②

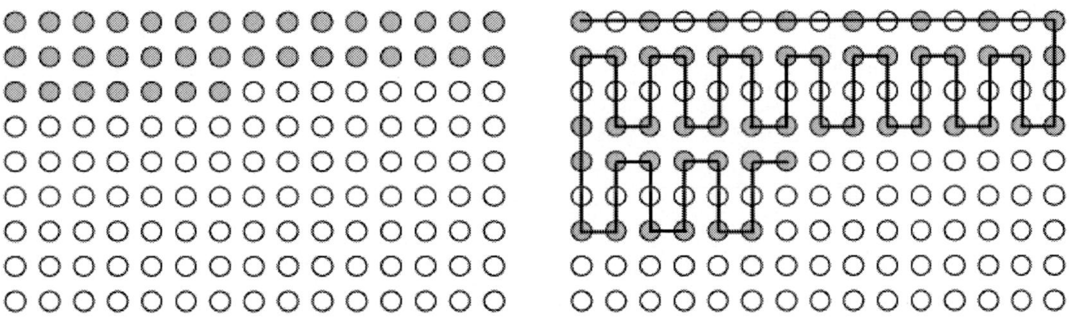

③ 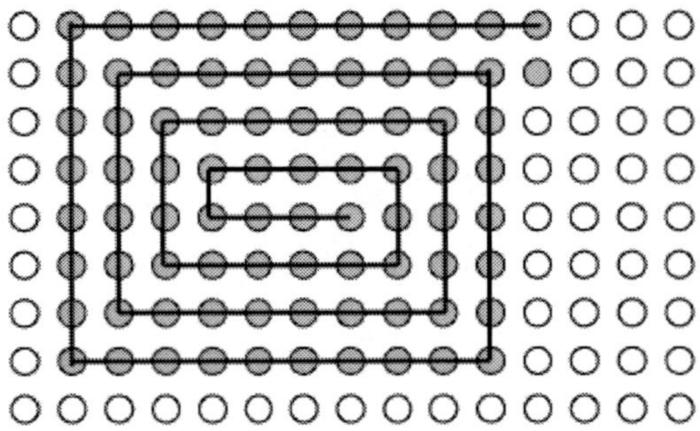

④ 각자의 이름을 납땜한다.

2) 저항 납땜 방법에 따라 알맞게 구부리고 잘라서 기판에 각각 5개씩 납땜으로 부착한다.

3) 납제거기를 이용해서 저항을 제거해본다.

(3) 준비물

납땜인두 : 30W이하
롱노즈
니퍼
납제거기
기판받침대
만능기판 : 일반용
납
저항 5개
리드선

제5장 전기회로

1 전기회로

전기회로란 다음의 그림처럼 스위치를 닫으면 전원으로부터 전류가 부하로 흘러가는 전류의 통로를 말한다. 부하(load)란 전원으로부터 전기에너지를 공급받아 일을 하는 것을 말한다.

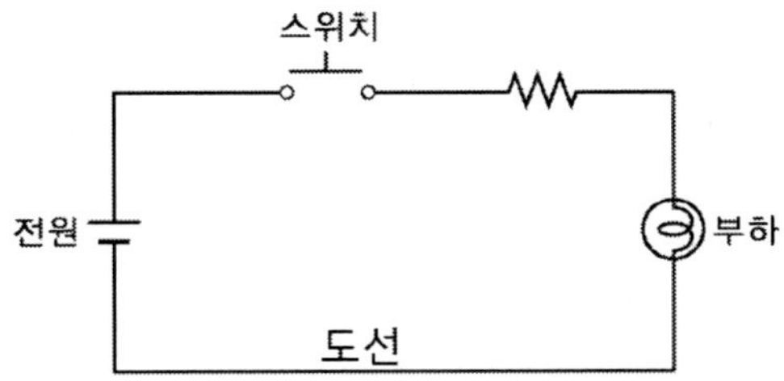

• 단락 (Short) : 전위차를 갖는 회로 상의 두 부분이 피복의 손상 등의 이유로 전기적으로 접촉되는 현상을 말한다. 이 때 접점에서는 과량의 전류가 흐르게 되어 발열이 있게 되고 심한 경우 화재나 폭발이 일어나기도 한다. 이러한 상태를 합선이라고도 표현한다.

• 누전(electric leakage) : 전기장치나 오래된 전선의 절연 불량, 전선 피복의 손상 또는 습기의 침입 등으로 전기가 밖으로 새는 현상을 말하며 이 경우 화재의 위험과 감전, 전류의 손실이 발생한다. 이러한 현상을 방지하기 위하여 누전 차단기가 설치되며 누전 전류가 30[mA] 정도만 흘러도 0.03초 이내에 전기를 차단시킨다. 누설 전류계를 이용하여 누전의 문제를 미리 점검할 수 있다.

2 옴(Ohm)의 법칙

전기회로 내에 전압이 가해졌을 때 전압의 크기를 V, 전류의 세기를 I, 전기저항을 R이라고 할 때, 전압과 전류, 저항간에는 V=IR의 관계가 성립한다. 이것을 **옴의 법칙**이라고 한다.

다음의 회로에 전압이 12V, 저항이 10Ω 이면 회로에 흐르는 전류는 얼마인가를 계산해보자.

V = I R 식에서 I = V / R[A]가 된다.
I = 12 / 10 = 1.2[A]가 된다.

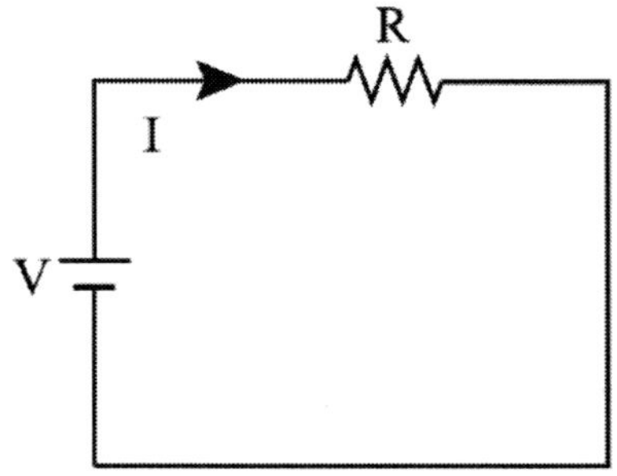

여기에서 전압을 12V로 일정하게 두고 전류와 저항의 관계를 알아보면 다음의 표와 같게 된다. 각항의 R I 값의 곱이 12가 된다.

	1	2	3	4
R[Ω]	20	50	5	2
I[A]	0.6	0.24	2.4	6

[예제] 다음의 회로에서 전류계가 2.5[A]를 나타내고 있다면 전구의 저항은 얼마인가?

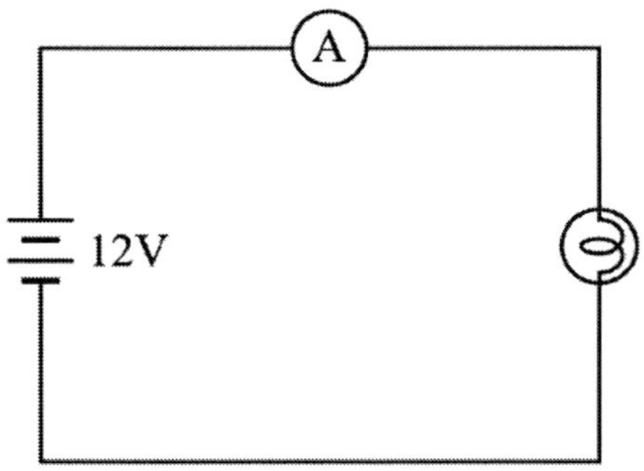

풀이: 전구에서의 전압 강하량은 전원전압과 같으므로 전구에 대해 옴의 법칙을 적용하면

V = I R식을 R = V / I 로 변경해서
R = 12[V] / 2.5[A] = 4.8Ω이 된다.

3 키르히호프의 법칙

복잡한 회로에서 각 부분에 흐르는 전류나 회로내의 두 지점 사이의 전위차를 구할 때 사용된다. **제1법칙은 전류에 관한 법칙**(Kirchhoff's current law)이고 **제2법칙은 전압에 관한 법칙**(Kirchhoff's voltage law)이다.

(1) 제 1법칙(전류에 관한 법칙)

회로내의 임의의 한 점에 대해 유입하는 전류의 총합과 유출된 전류의 총합은 0 이 된다. 전류가 전기회로 속을 흐르는 동안 어느 곳에서도 전류가 사라지거나 생성되는 일은 없으므로, 회로의 각 부분에서 단위 시간당 흘러 들어간 전류와 흘러나오는 전류량은 같다.

- 회로의 한 점에 있어서의 전류를 I, 통로의 개수를 n이라고 한다면 키르히호프 제 1 법칙은 다음과 같이 나타낼 수 있다.

$$\sum_{i=1}^{n} I_i = 0$$

다음 그림과 같은 회로에 있어 I_4의 방향과 크기를 구해보자

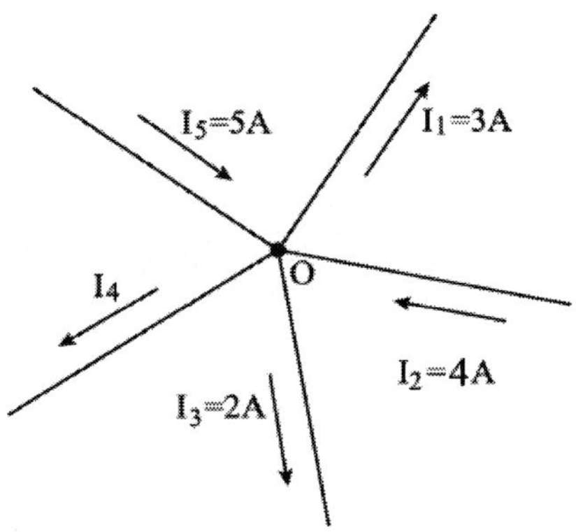

유입전류 : $I_2 + I_5 = 9A$

유출전류 : $I_1 + I_3 + I_4$

유입전류 = 유출전류 이므로

$9 = 3 + 2 + I_4 \rightarrow I_4 = 4$

∴ I_4의 크기는 4[A]이고 O점에서 유출되는 방향을 갖는다.

(2) 제 2 법칙(전압에 관한 법칙)

복잡한 전기회로도 각 부분을 작은 폐회로들로 나눌 수 있다. 이러한 각각의 폐회로들을 한 바퀴 돌아서 원래의 지점으로 오는 동안에 구한 **전압강하(V=IR)의 총합은 기전력들의 총합과 같다**는 것이다. 즉, 기전력을 U, 기전력의 개수를 m이라 하고 저항을

R, 저항의 개수를 n 그리고 저항을 통해 흐르는 전류를 I라고 한다면 키르히호프의 제 2법칙은 다음과 같이 나타낼 수 있다.

$$\sum_{i=1}^{m} U_i = \sum_{j=1}^{n} I_j R_j$$

[예제] 다음의 회로에서 전류의 크기와 5[Ω] 저항의 양단에 걸리는 전압을 계산하시오.

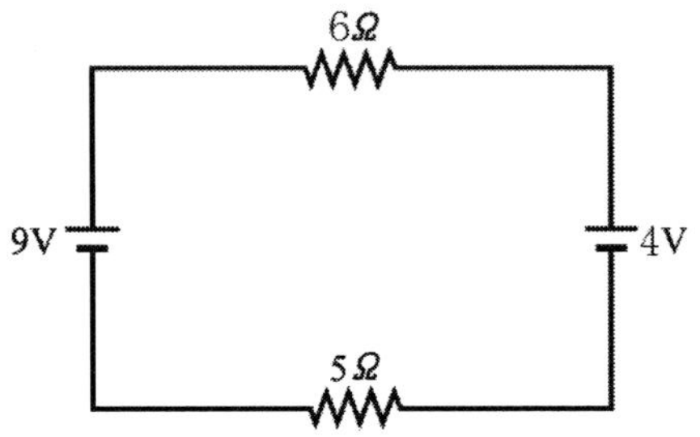

풀이: 제2법칙을 이용한다.
9[V] 전원에서 부터 시계 방향으로 계산하면

$9 - 4 = 6I + 5I$, $9 - 6I - 4 - 5I = 0$

$-11\,I = -5$

$I = 0.45$[A]

5[Ω] 양단에 걸리는 전압은 옴의 법칙에 따라
V = IR에서 V = 0.45[A] X 5[Ω] = 2.25[V]

[예제] 다음의 회로에서 각 전류의 크기를 계산하시오.

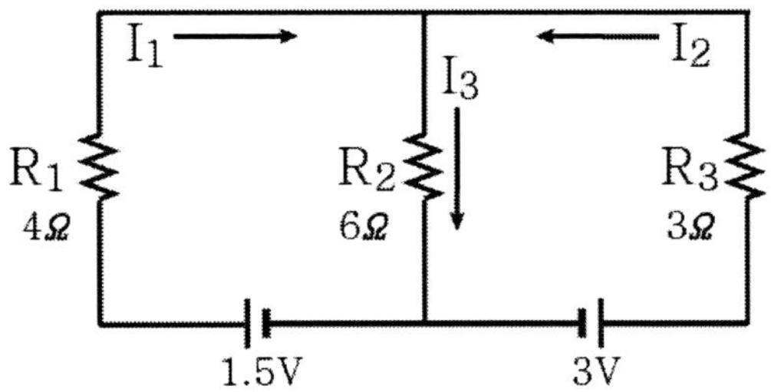

풀이: 제2법칙을 이용해서

$I_1 + I_2 - I_3 = 0$

$1.5 = 4I_1 + 6I_3$, $-4I_1 - 6I_3 + 1.5V = 0$

이 식에 $I_1 = I_3 - I_2$ 대입하면

$-10\,I_3 + 4\,I_2 + 1.5V = 0$ --- ①

$3 = 6I_3 + 3I_2$, $6I_3 + 3I_2 - 3V = 0$ --- ②

① ② 식을 풀면 $I_3 = 0.305$[A]
② 식에 대입해서 풀면 $I_2 = 0.39$[A], $I_1 = -0.0825$[A]가 된다.
I_1의 전류는 계산할 때의 방향과 반대로 흐른다.

4 저항의 직렬연결

3개의 저항이 직렬 연결된 경우 합성저항 R을 구하는 식은 다음과 같다.

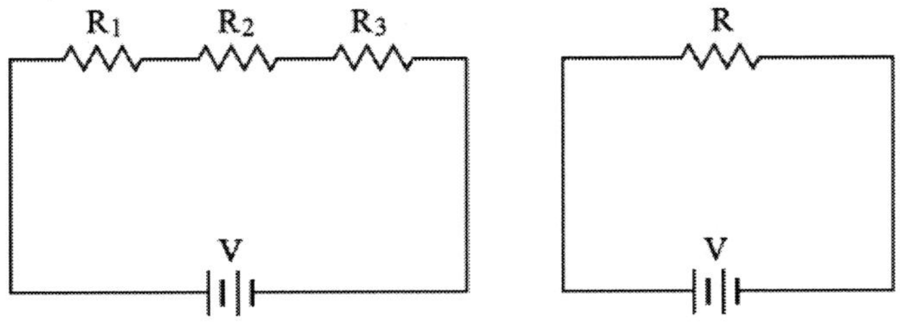

직렬연결 합성저항

$$R = R_1 + R_2 + R_3$$

n개의 저항이 직렬 연결된 경우 합성저항로 확장하면 다음과 같다.

$$R = R_1 + R_2 + \cdots + R_n$$

[예제] 다음 회로를 흐르는 전류와 각 저항에 걸리는 전압을 구하시오.

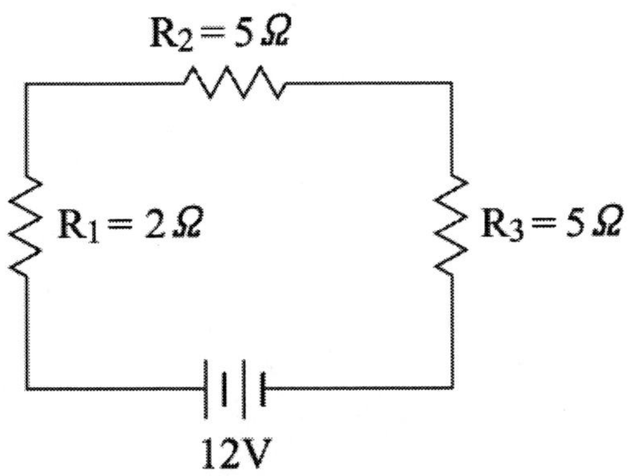

풀이 :
합성저항 R = 2 + 5 + 5 = 12[Ω]

I = V / R = 12 / 12 = 1[A]

R1 양단에 걸리는 전압
V1 = 1[A] X 2[Ω] = 2[V]가 된다.

R2 양단에 걸리는 전압
V2 = 1[A] X 5[Ω] = 5[V] 가 된다.

R3 양단에 걸리는 전압은
V3 = 1[A] X 5[Ω] = 5[V] 가 된다.

5 저항의 병렬연결

3개의 저항이 병렬 연결된 경우 합성저항 R을 구하는 식은 다음과 같다.

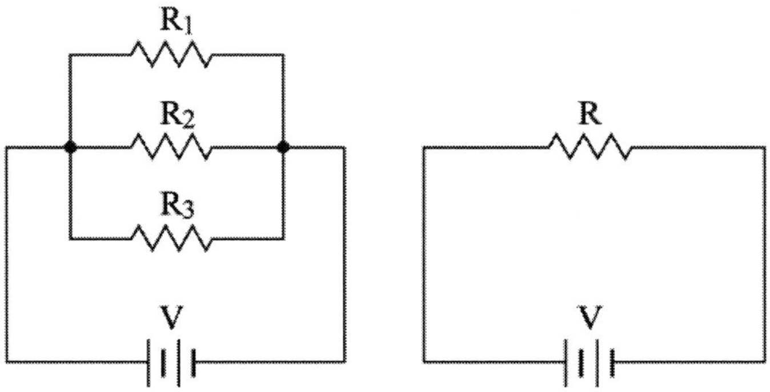

병렬연결　　　　　　합성저항

$$\frac{1}{R} = \frac{1}{R_1} + \frac{1}{R_2} + \frac{1}{R_3}$$

n개의 저항이 병렬 연결된 경우 합성저항은 다음과 같다.

$$\frac{1}{R} = \frac{1}{R_1} + \frac{1}{R_2} + \cdots + \frac{1}{R_n}$$

[예제] 다음 회로에서 합성저항 R과 각각의 저항에 흐르는 전류를 구하시오.

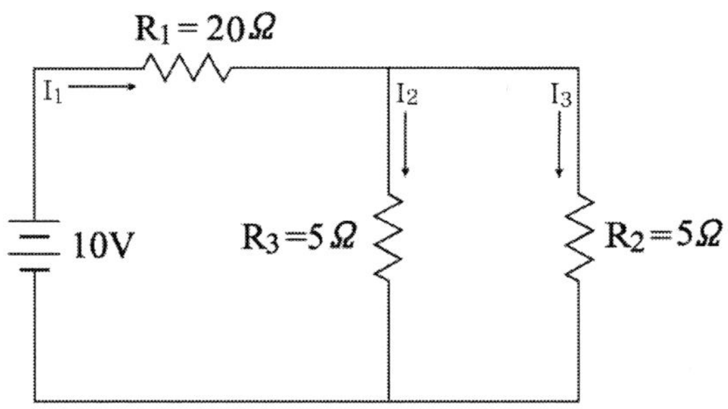

풀이 : 병렬 연결된 부위의 합성저항을 R_0라고 하면

R_0 = 5 // 5 = 2.5[Ω]

R_0는 R_1과 직렬연결 되어 있으므로, 총 합성저항

R = 20 + 2.5 = 22.5[Ω]

I = V / R = 10 / 22.5 = 0.44[A]

$\therefore\ I_1 = 0.44[A]$

$$I_2 = \frac{R_2}{R_1+R_2} I_1 \qquad I_2 = \frac{5}{5+5}\ 0.44[A] = 0.22[A]$$

$$I_3 = \frac{R_1}{R_1+R_2} I_1 \qquad I_3 = \frac{5}{5+5}\ 0.44[A] = 0.22[A]$$

6 전압강하

회로내에서 전류가 저항을 거쳐 흐를 경우 옴의 법칙에 따라 전류의 흐름을 방해하는 만큼 저항에는 전압이 만들어진다. 회로내 각각의 저항에서 만들어지는 전압의 총합은 전류를 공급하는 전원의 전압과 일치한다.

- 다음의 회로에서 저항에 걸리는 전압을 계산해보자. 전압은 각각의 저항에서 전위가 낮아지기 때문에 전압강하라고 하고 크기는 전위차로 표시한다.

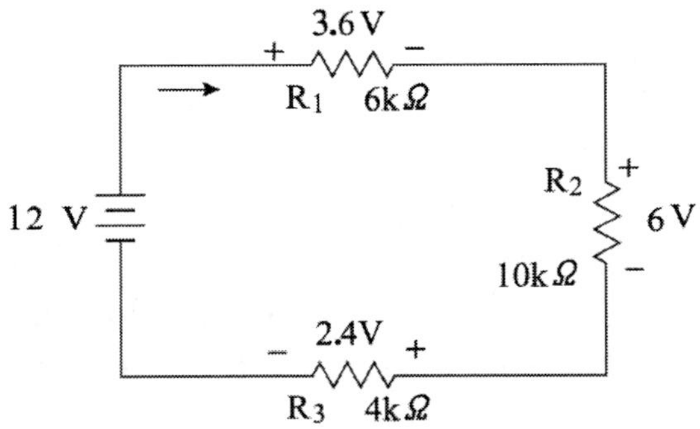

전체저항은 20KΩ이고, 전원 12V, V = I R에서 전류는 0.6mA가 흐른다.

먼저 12V 전원에서 0.6mA가 흐르다가 R_1인 6KΩ에서 3.6V의 전압강하가 발생하고 R_2에서는 V = IR에 따라 6V의 전압강하가 발생한다. 그리고 총 12V에서 나머지 2.4V가 R_3에 전압이 걸리게 된다.

총 전압강하량은 3.6V + 6V + 2.4V = 12V가 된다.

[예제] 다음은 고휘도 LED를 12V에 연결하고 470Ω을 직렬로 연결했다. 고휘도 LED는 순방향으로 2.5V 정도의 전압강하가 만들어진다고 하면 저항에 걸리는 전압강하와 전류를 구하시오.

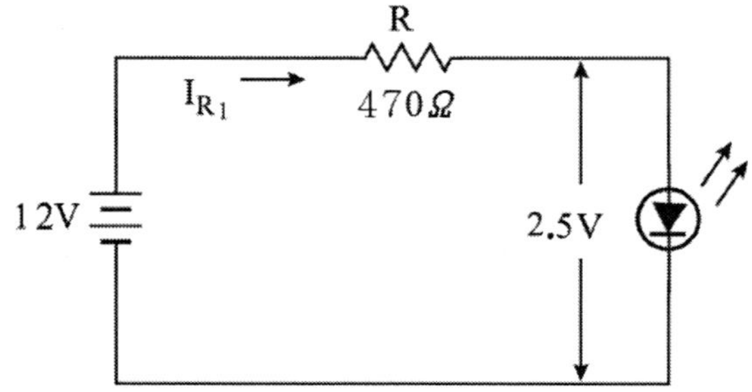

풀이: 저항 R에 걸리는 전압 V_R = 12V — 2.5V = 9.5V

전류 I = 9.5[V] / 470[Ω] = 0.0202[A] = 20.2 mA 가 된다.

7 전력과 전력량

(1) 전력

전력(電力)은 단위시간 즉, 1초 동안 공급되는 전기에너지 또는 공급된 전기에너지에 의해 만들어진 에너지량을 전력(electric power)이라고 한다.

- 전력의 크기는 전압 V와 전류 I의 곱으로 나타내는데 기호는 Power의 첫 글자인 P를 사용하며 단위는 와트(W) 또는 킬로와트(㎾)를 사용한다. 즉 1와트는 1V의 전압을 가하여 1A가 흐를 때의 전력이다. 전력과 전압, 전류의 관계는 다음과 같다.

$$
\begin{aligned}
P &= VI\ [\mathrm{W}] \\
&= (IR)I = I^2R\,[\mathrm{W}] \\
&= V\left(\frac{V}{R}\right) = \frac{V^2}{R}\,[\mathrm{W}]
\end{aligned}
$$

- 마력(馬力)은 기계적 에너지를 나타내는 단위로 엔진의 출력 등을 나타낼 때 이용된다. 1마력이란 질량이 75[kg]인 물체를 1[m] 들어 올리는데 필요한 일량을 의미하

며 프랑스는 단위로 [PS], 영국은 [HP}를 사용한다.

- 마력과 와트의 변환에서 한국에서는 1PS = 735.5W로 계산한다.

[예제] 정격이 220[V], 1[㎾]인 전열기에 사용하는 니크롬선이 끊어져 절반만 잘라내고 연결해서 사용한다면 전열기의 소비전력은 얼마인가?

풀이: 전력 계산식에서 먼저 니크롬선의 저항값을 구해보자

$$R = \frac{V^2}{P} = \frac{220^2}{1000} = 48.4[\Omega]$$

니크롬선을 정확하게 반으로 잘랐을 경우 저항값은 24.2[Ω]

$$P = \frac{V^2}{R} = \frac{220^2}{24.2} = 2000[W]$$

[예제] 출력이 900[W]인 기동전동기를 12[V]에 연결하여 무부하 시험을 할 경우 전류의 규정값은 얼마인가?

풀이: $$I = \frac{P}{V} = \frac{900}{12} = 75[A]$$

따라서 이 기동전동기는 무부하 시험시 75[A] 이하의 전류가 흘러야 정상으로 판정된다.

(2) 전력량

전력량은 전력과 시간의 곱으로 표현하며 전력량의 단위로는 전력의 단위에 사용한 시간[h]를 곱하여 와트시[Wh] 또는 킬로와트시[kWh]를 사용한다. 1[kWh]는 1[Kw]의 전력을 1시간 사용한 것을 말한다.

- 전력량의 단위 : 전력 × 시간 [Wh]

- 줄의 법칙 : 도체에 t초 동안 전류가 흐를 때 발생하는 열량 즉 소비되는 전력량을 열량으로 표현한 것으로 줄(Joul) 열이라 하며, 단위는 [cal:칼로리]를 사용.

$$Q = 0.24I^2Rt\,[\mathrm{cal}] = 0.24\mathrm{P\,t}\,[\mathrm{cal}]$$

1[Wh]의 전력량 = 0.24 × 3600[J] = 864 [cal].

- 전력과 열량의 단위인 J과의 관계는 다음과 같다.

$$W = Pt = VIt \ [\mathrm{W \cdot s = J}]$$

그러나 전력량의 단위인 [Ws]는 실용상 너무 작은 값이므로 일반적으로 1초가 아닌 단위 시간에 사용하는 전력 [Wh:와트시]을 사용한다.

1[Wh] = 3600[Ws] = 3600[J]의 관계가 성립.

그래서 220V/30W 전구는 220V 정격전압에서 1초에 30[J]의 전기에너지를 사용한다.

[예제] 60W의 전구 2개를 매일 7시간씩 30일간 사용하였을 때 소비되는 전력량은?
풀이 : W = P T = (60W × 2 개)[W] × (7시간 × 30일)[h]
= 210 × 120 [Wh] = 25.2 [kWh]

참고 : 1 [kWh] = 1,000 × 3,600 [J] = 0.24 × 3,600 × 1,000 [cal]
= 864 × 1,000 [cal] = 864 [kcal]

- 열량의 단위 1[cal] : 1 cal는 물 1 g을 1 ℃ 상승시키는 데 필요한 열량, 1 [kcal]는 1 kg의 물을 1 ℃ 상승시키는 데 필요한 열량

- 전력을 측정할 수 있는 AC/DC 겸용 디지털멀티미터가 있어 직교류 전력, 역율, 주파수, 무효전력, 축전지 충방전 관련, 태양전지, 연료전지 등의 측정에 활용되고 있다.

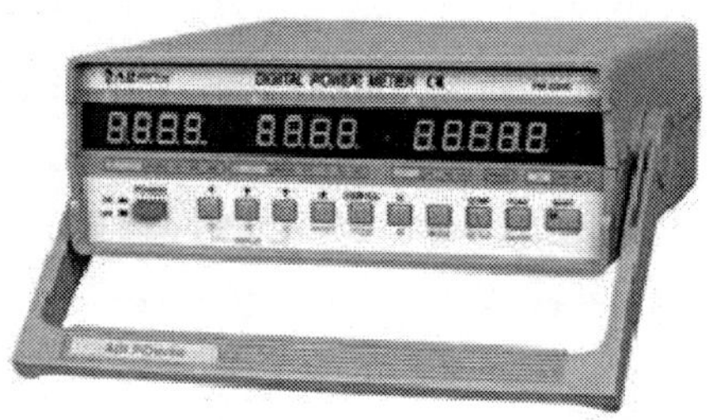

[예제] 다음은 12V 전원이 설치된 곳에 5V에 동작하는 회로(10mA - 200mA 동작전류 필요)를 연결해서 사용하고자한다. 제너다이오드(5V용)를 연결해서 저항에는 7V가 걸리도록 동작시키고자한다. 저항의 소비전력은 얼마인가?

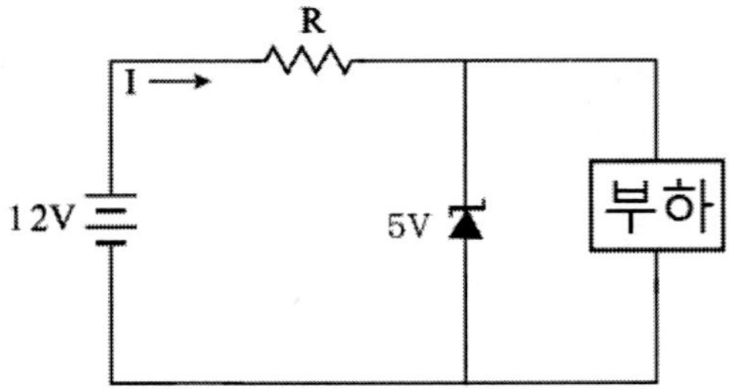

풀이:

R = 7V / 200mA = 35Ω, 저항은 35Ω보다 작아야한다. 그래서 30Ω을 사용한다면

I = 7V / 30 = 233mA가 된다. 이때 저항에서 소비하는 전력은

P_R = 7V × 233mA = 1.631[W] 이므로 최고 2W급 저항을 사용해야 저항이 타지 않고 견디게 된다.

부하에 흐르는 최소전류가 10mA 이라면 제너다이오드에 흐르는 전류는
I_z = 233mA - 10mA = 23mA

제너다이오드의 소비전력은 P_Z = 5V × 223mA = 1.115[W]이다.
따라서 제너다이오드는 최소 1.5[W]급 이상을 사용해야한다.

[예제] 2kΩ의 저항에 0.1[A]의 전류를 10초간 흘렸을 때 발열량은 얼마인가?
풀이 : $Q = 0.24I^2Rt\,[\mathrm{cal}] = 0.24\mathrm{P\,t}\,[\mathrm{cal}]$ 식을 사용해서

Q = 0.24 I^2Rt = 0.24 × 0.1^2 × 2000 × 10 = 48cal

[예제] 커피포트(220V, 800W)가 있다. 25도의 물 500cc를 100도로 끓이는데 필요한 열량은 얼마인가?

풀이 : 물 1cc를 1도 상승하는데 1cal가 필요하다. 500 × 100 = 50,000 cal
$Q = 0.24I^2Rt\,[\mathrm{cal}] = 0.24\mathrm{P\,t}\,[\mathrm{cal}]$, 0.24Pt = 0.24 × 800 t

두식이 같아야하므로 0.24 × 800 t = 50,000 , t = 260.4 sec = 4분 34초

열효율이 100%인 것으로 계산했으나 85%정도라면
0.24 × 800 × t × 0.85 = 50,000
t = 50,000 / 0.24 × 800 × 0.85 = 5분 10초

8 콘덴서의 직렬과 병렬연결

(1) 콘덴서의 직렬연결

콘덴서의 직렬연결은 높은 내압의 콘덴서가 필요할 때 허용전압을 높이기 위해서 주로 사용하게 된다. 3개의 콘덴서가 직렬 연결될 때 합성 정전용량 구하는 공식은 다음과 같다.

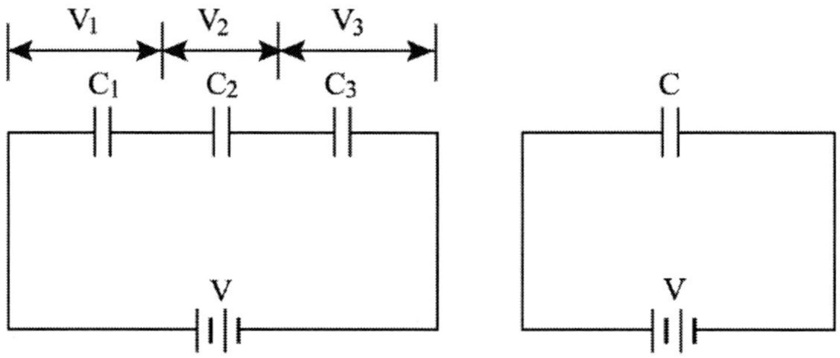

직렬연결 합성 정전용량

콘덴서에 전압을 가하면 콘덴서에는 정전 유도 작용에 의해 Q[C]의 전하가 축적된다. 전원전압 V는 각 콘덴서에서의 전압 강하량의 총합과 같으므로 다음과 같이 나타낼 수 있다.

$$V = V_1 + V_2 + V_3 = \frac{Q}{C_1} + \frac{Q}{C_2} + \frac{Q}{C_3} = Q\left(\frac{1}{C_1} + \frac{1}{C_2} + \frac{1}{C_3}\right)$$

합성 정전용량을 C라고 했을 때 합성된 회로의 전압은

$$V = \frac{Q}{C}$$

따라서 합성 정전용량 C는 다음과 같이 표현되며 합성용량은 감소하게 된다.

$$\frac{1}{C} = \frac{1}{C_1} + \frac{1}{C_2} + \frac{1}{C_3}$$

그러나 전원 전압은 각각의 콘덴서에 나누어 걸리게 되어 허용전압을 높일 수 있다.

[예제] 다음 회로와 같이 3개의 콘덴서를 직렬로 연결하고 24V 직류 전압을 가했을 때 정전 합성용량을 구하고 각 콘덴서에 걸리는 전압을 구하시오.

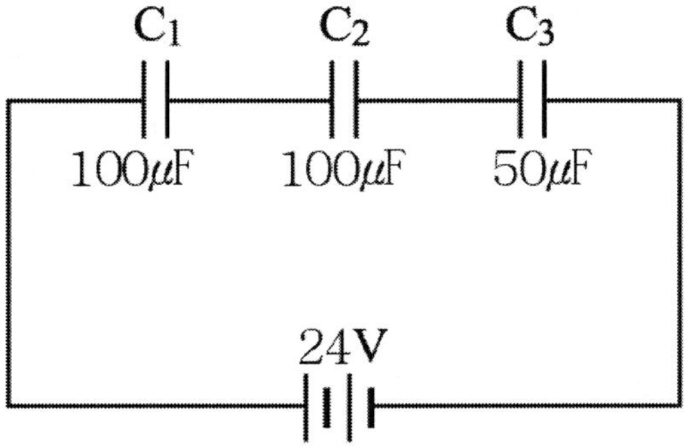

풀이 :

합성용량 $\frac{1}{C} = \frac{1}{C_1} + \frac{1}{C_2} + \frac{1}{C_3}$

= 1/100 + 1/100 + 1/50 = 4/100

C = 25 μF

전하량 Q = CV = 25 × 10^{-6} × 24 = 600 [μC]

콘덴서의 전압은 V_1 = Q/C_1 = 600 × 10^{-6} / 100 × 10^{-6} = 6[V]

V_2 = Q/C_2 = 600 × 10^{-6} / 100 × 10^{-6} = 6[V]

V_3 = Q/C_3 = 600 × 10^{-6} / 50 × 10^{-6} = 12[V]

콘덴서 C_1, C_2는 내압의 6V이상, C_3는 12V 이상인 것을 사용하면 된다. 3개의 콘덴서 모두 24V이상의 내압인 것을 사용하지 않아도 된다.

(2) 콘덴서의 병렬연결

콘덴서의 용량이 부족할 경우 병렬로 연결하여 용량을 증가시킬 때 주로 사용한다. 3개의 콘덴서가 직렬 연결될 때 합성 정전용량 구하는 공식은 다음과 같다.

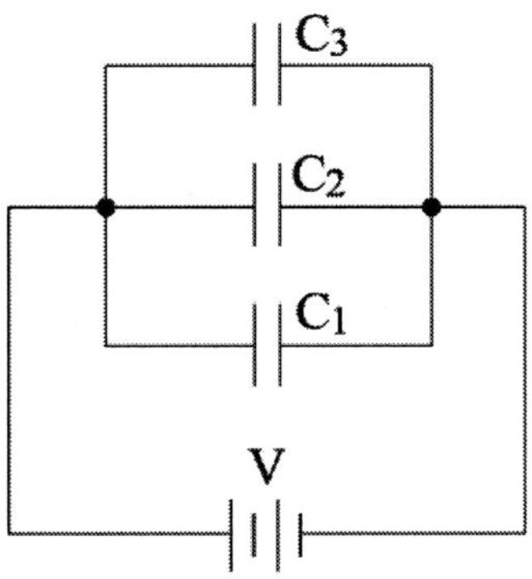

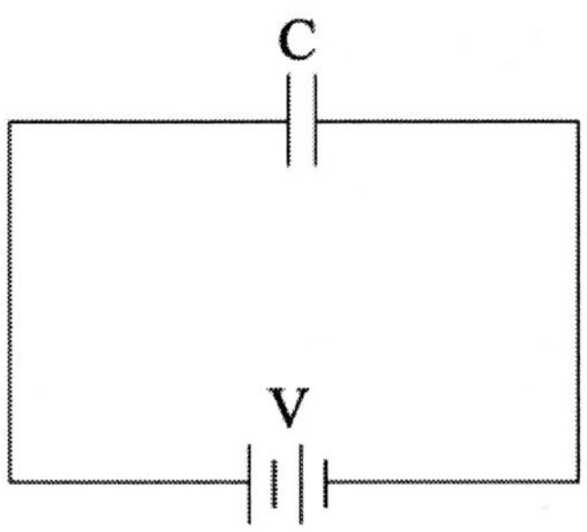

각 콘덴서에 가해지는 전압은 전원전압과 동일하고 콘덴서에는 정전 유도 작용에 의해 Q[C]의 전하가 축적된다. 각 콘덴서에 축적되는 전하의 총합은 다음과 같이 나타낼 수 있다.

$$Q = Q_1 + Q_2 + Q_3 = C_1V + C_2V + C_3V = (C_1 + C_2 + C_3)V$$

합성 정전용량을 C라고 했을 때 C와 전하량 Q에 대한 관계는 다음과 같다.

$$Q = CV$$

따라서 합성 정전용량 C는 다음과 같이 표현되며 합성용량은 증가하게 된다.

$$C = C_1 + C_2 + C_3$$

[예제] 다음 회로와 같이 3개의 콘덴서를 병렬로 연결하고 24V 직류 전압을 가했을 때 정전 합성용량을 구하고 각 콘덴서에 축적되는 전하의 양을 구하시오.

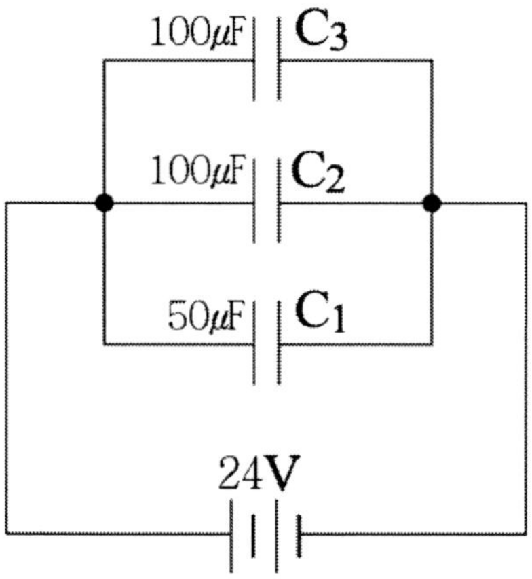

풀이 :

$C = C_1 + C_2 + C_3 = 250\mu F$

$Q_1 = C_1V = 100\mu F \times 10^{-6} \times 24 = 2400[\mu C]$
$Q_2 = C_2V = 100\mu F \times 10^{-6} \times 24 = 2400[\mu C]$
$Q_3 = C_3V = 50\mu F \times 10^{-6} \times 24 = 1200[\mu C]$

만약 콘덴서 C_1, C_2는 내압이 24V, C_3는 50V 이라면 전체 허용 내압은 24V가 된다. 3개의 콘덴서 가운데 가장 낮은 내압이 전체 허용 내압이 된다.

(9) 인덕터의 직병렬 연결

- 직렬연결

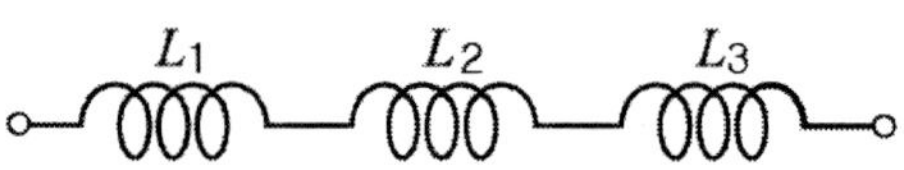

$L_T = L_1 + L_2 + \dots + L_n$

- 병렬연결

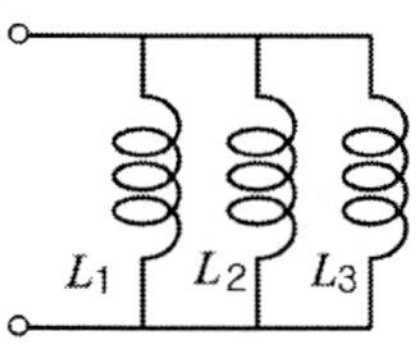

$1/L_T = 1/L_1 + 1/L_2 + \dots + 1/L_n$

실 습 1

다음 회로에서 합성저항 R과 각각의 저항에 흐르는 전류와 전압을 테스터를 이용해서 구하시오.

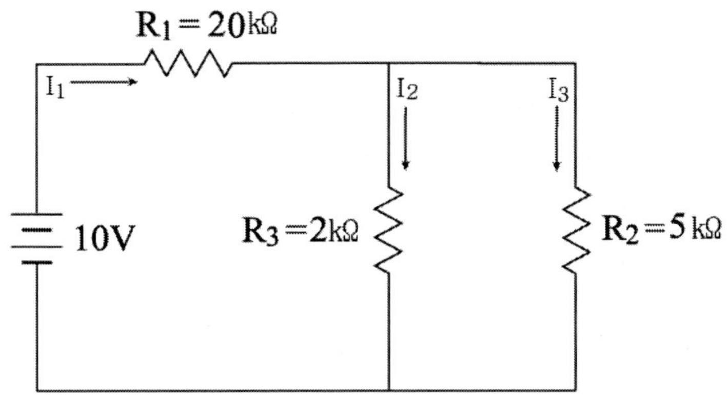

1. 준비물

직류전원장치
테스터
브레드보드
저항 3종
선

2. 실습방법

① 임의의 저항 3개를 선택해서 컬러코드를 사용해서 값을 읽고 표에 기록하시오.

② 저항 3개를 테스터를 이용해서 측정한 후 표에 기록하고 컬러코드와 측정값을 비교 하시오.

③ 회로의 해석에 의한 전압, 전류를 계산해서 표에 기록하시오.

④ 브레드보드에 회로를 만들고 전원을 연결하시오.

⑤ 테스터를 이용해서 전압을 측정하고 표에 기록하시오.

⑥ 테스터를 이용해서 전류를 측정하고 표에 기록하시오. 전류를 측정할 때는 브레드보드에서 선을 빼고 테스터를 직렬로 연결해야 한다.

⑦ 전압, 전류를 계산한 값과 측정값을 비교하시오.

3. 실습 결과

실습방법에 따라 측정한 내용을 입력한다.

저항	저항값		전압		전류	
	컬러코드값	측정값	계산값	측정값	계산값	측정값
저항1						
저항2						
저항3						
			<----- R_2와 R_3의 합성저항 값			

실 습 2

다음은 LED를 12V에 연결하고 470Ω을 직렬로 연결했다. 회로에 흐르는 전류와 전압을 각각 구하시오.

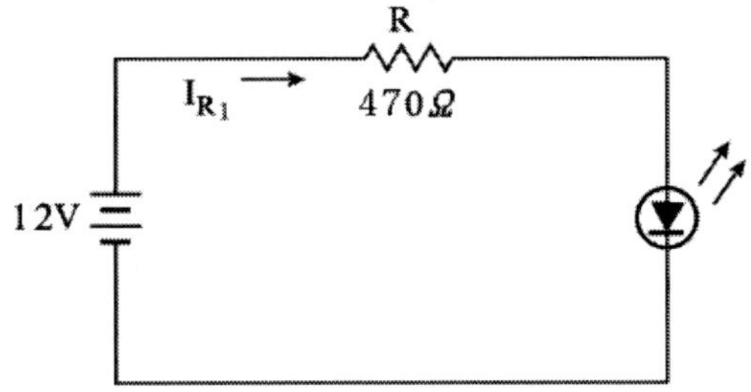

1. 준비물

직류전원장치
테스터
브레드보드
LED
저항 2개(470Ω, 1kΩ)
선

2. 실습방법

① 저항 470Ω ~ 1kΩ개를 선택해서 컬러코드를 사용해서 값을 읽고 표에 기록, 테스터를 이용해서 저항값을 측정한 후 표에 기록하고 컬러코드와 측정값을 비교 하시오.

② LED를 테스터를 사용해서 애노드와 캐소드, 양, 불량인지를 측정하시오

③ 브레드보드에 회로를 만들고 전원을 연결하시오.

④ 테스터를 이용해서 전압을 측정하고 표에 기록하시오.

⑤ 테스터를 이용해서 전류를 측정하고 표에 기록하시오.

3. 실습 결과

실습방법에 따라 측정한 내용을 입력한다.

	저항값		전압		전류	
	컬러코드값	측정값	계산값	측정값	계산값	측정값
저항1						
LED						

실 습 3

다음 회로와 같이 3개의 콘덴서를 직렬로 연결하고 12V 직류 전압을 가했을 때 정전 합성용량을 구하고 각 콘덴서에 걸리는 전압을 구하시오.

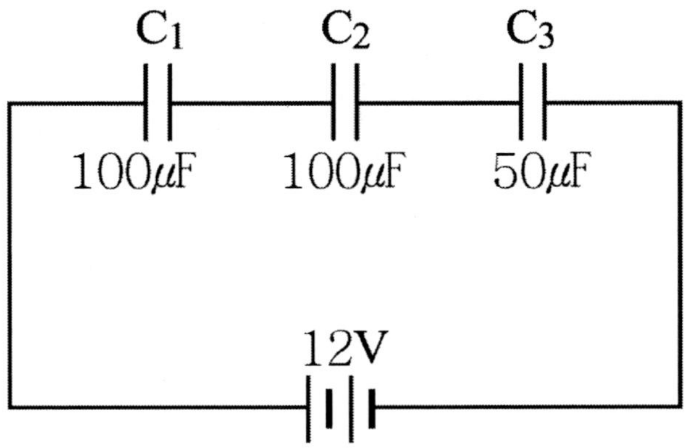

1. 준비물

직류전원장치
테스터
브레드보드
전해콘덴서 3종
선

2. 실습방법

① 회로해석에 따라 직렬합성용량과 충전하량 그리고 각각의 콘덴서에 걸리는 전압을 계산하여 기록하시오

② 콘덴서를 테스터를 사용해서 양, 불량인지를 측정하시오

③ 브레드보드에 회로를 만들고 전원을 연결하시오.

④ 테스터를 이용해서 전압을 측정하고 표에 기록하시오.

3. 실습 결과

실습방법에 따라 측정한 내용을 입력한다.

	콘덴서값		전압		
	용량	내압	계산값	측정값	
C1					
C2					
C3					

제6장 전기와 자기

1 자기현상

(1) 자석

철가루, 쇠붙이를 끌어당기는 성질을 자성, 이것의 근원 즉 **끌어당기는 힘**을 자기(magnetism)라고 한다. 이러한 자기를 지닌 물체를 자석(magnet)이라고 한다.

• 자석에는 두 개의 자극 N극, S극이 있고 N극에서 나온 자기력선(magnetic line)은 공간이나 다른 자성체를 통과해서 S극으로 되돌아오는 폐회로를 형성한다.

• 자력선이 미치는 공간을 자장(magnetic field) 또는 자계, 자력선의 묶음을 자속이라고 한다. 자장이 강할수록 자력선이 많다고 정의한다.

• 자석의 개발 : KS강 ⇨ MK강 ⇨ 페라이트 자석 ⇨ 알니코자석 ⇨ 코발트자석 ⇨ 네오디뮴자석(일본)

• 네오디뮴자석은 철 원자에 네오디뮴 원자를 섞음으로써 장력한 자기장을 유지한다. 기기의 고성능화 소형화에 큰 역할을 하고 있다.

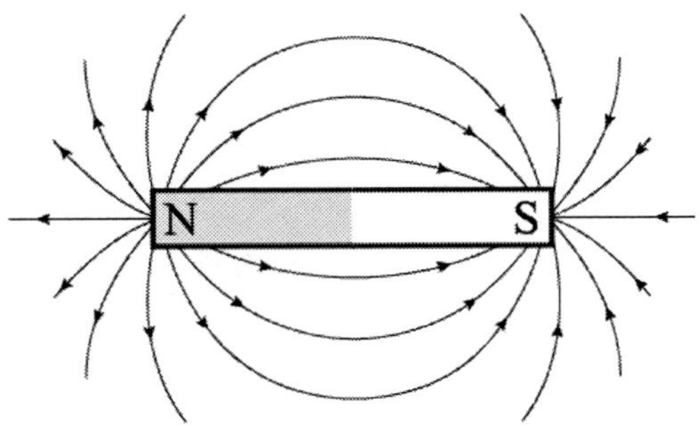

(2) 자기 유도

자석 가까이 쇠붙이를 두면 자석 N극에 가까운 쪽에는 S극이, 반대쪽에는 N극이 나타난다. 이 현상을 자기유도(magnetic induction)라고 하며 쇠붙이도 자석이 되어 자성을 일시적으로 가지는데 이러한 현상을 자화(magnetization)라고 한다.

• 자기장에서 자기모멘트의 방향이나 세기가 물질에 따라 다르게 나타난다. 자화가 되는 물체를 자성체(강자성체, 상자성체)라고 하고 반발하는 물체를 반자성체, 반응이 없는 물체를 비자성체라고 한다.

강자성체 : 자기장에서 강하게 자화되어 없어지지 않는 물질. 철, 니켈, 코발트 등
상자성체 : 자기장속에서 조금 자화되는 물질.
반자성체 : 자기장과 반대방향으로 자화되는 물질. 수소, 탄소, 인, 구리 등
비자성체 : 자기장에 반응이 없는 물질. 알루미늄, 황동, 백금 등

(3) 자석의 세기

다른 두 자극을 가까이 놓으면 당기는 힘이 발생하고 같은 두 자극은 반발한다. 이러한 힘을 자기에 관한 **쿨롱의 법칙**이다.

• 다른 두 자극의 자속량이 m_1[Wb], m_2[Wb]이고 진공 중에서 r[m] 거리일 때 두 자극사이에는 흡인력이 작용하며 힘은 다음 식으로 표현된다.

$$F = 6.33 \times 10^4 \frac{m_1 m_2}{r^2} \quad [\mathrm{N}]$$

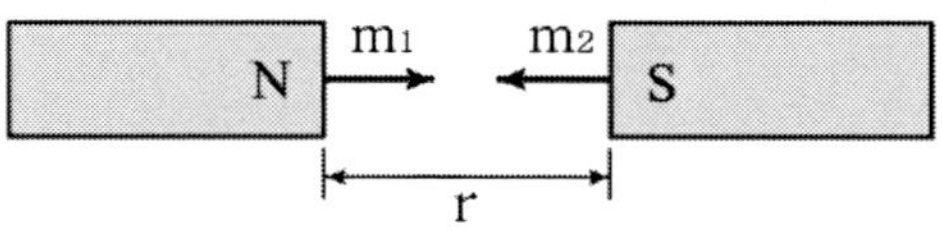

• 자속(Φ) : **자장의 총 면적을 통과하는 자력선의 총합 즉**, 자극의 세기를 의미하며 자속은 통상 Φ로 나타내며 단위는 [Wb : 웨버]를 사용한다. 자속은 전기회로에 있어 전류에 해당된다고 볼 수 있다.

• 자속밀도(B) : 자기장에 **수직인 단위면적을 통과하는 자력선의 수를 자속밀도라 한다.** 전체면적이 A[m^2]인 자장에서 자속이 Φ[Wb]라면 자속 밀도는 아래와 같이 나타낼 수 있으며, 자속밀도의 단위는 [Wb/m^2] 또는 [T : 테슬라], [G : 가우스]가 사용된다.

$$B = \frac{\Phi}{A} \quad [\mathrm{Wb/m^2 = T}]$$

• 1가우스 = 0.1mT(테스라) = 10^{-4}Wb/㎡

2 전류와 자기현상

전류와 자기는 밀접한 관계가 있다. 직선 도체 주위에 철가루를 뿌리고 전류를 흘리면 도체를 중심으로 자기력선이 생기고 도선에 가까울수록 자기력선의 밀도가 높고

멀수록 밀도가 낮아지는 현상을 확인 할 수 있다. 이것은 도체 주위에 자장이 형성되었음을 의미하며 전류의 방향이 바뀌면 자력선의 방향도 바뀌게 된다.

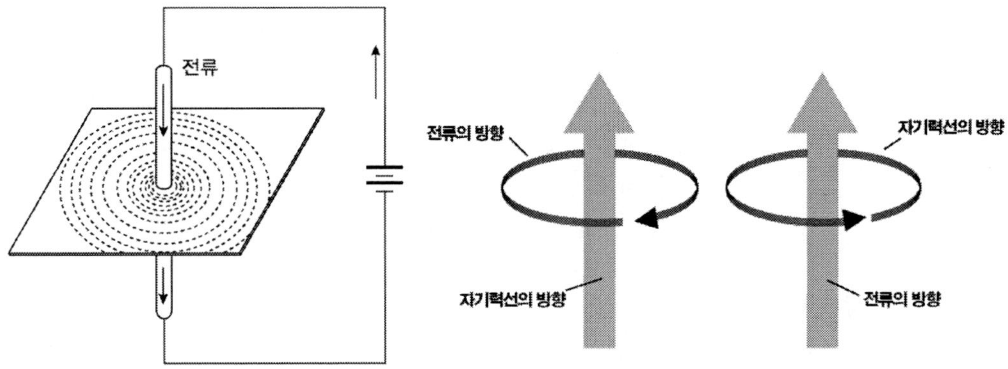

(1) 자기력선의 방향

전류의 흐름에 의해 형성되는 자기력선의 방향은 **앙페르의 오른나사 법칙**에 따라 다음과 같다. 나사의 진행 방향을 전류의 방향으로 하였을 때 나사의 회전 방향이 자기력선의 방향과 같다.

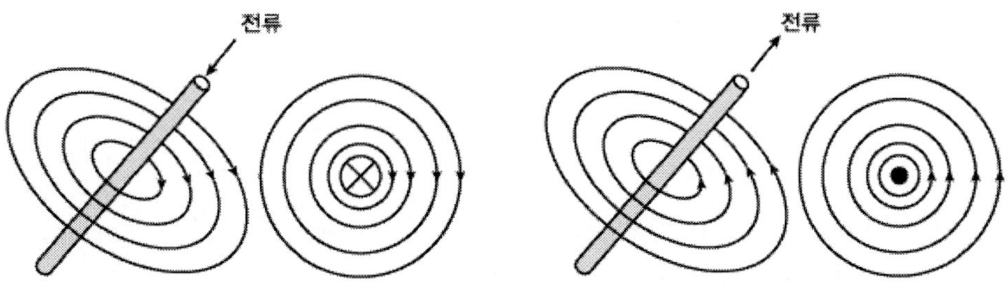

• 나선형으로 감은 코일(솔레노이드)에 전류가 흐를 때의 자기력선 방향은 앙페르의 오른손법칙에 따라 **오른손을 코일에 흐르는 전류의 방향으로 감싸 쥐었을 경우 엄지손가락이 가리키는 방향이 자력선의 방향**이 된다. 엄지손가락이 가리키는 쪽이 자기력선이 방출되는 쪽이므로 N극이 되고 반대쪽이 S극이 된다. 전류의 방향에서 보면 나온는 쪽 +, 들어가는 쪽이 —라고 생각하면 되겠다.

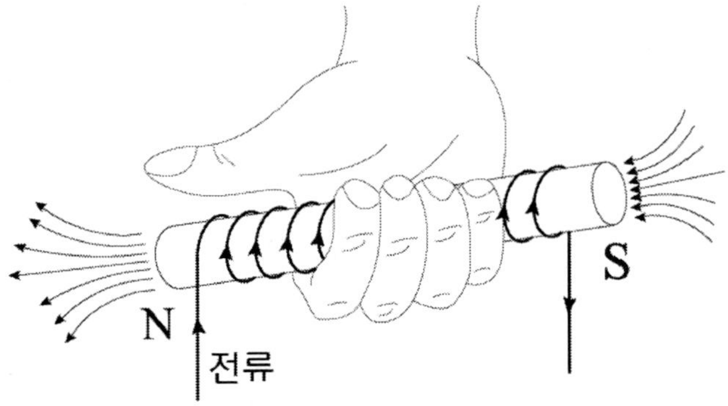

(2) 자기회로 관련

전류가 저항이 적은 도선을 쉽게 통과하듯이 자기력선은 자기저항이 적은 물질로 이루어져 있는 물질 속을 자속이 통과하기가 쉽다. 전기회로와 같이 자기력선이 흐르는 길을 자기회로(磁路)라고 한다.

1) 기자력

자력을 일으키는 힘이다. 철심에 감긴 코일의 권수(N)와 흐르는 전류(I)에 비례하여 발생한다. 기자력의 단위는 암페어 횟수[AT] 혹은 [A]로 사용한다.

$$\theta = I \times N \text{ [AT]}$$

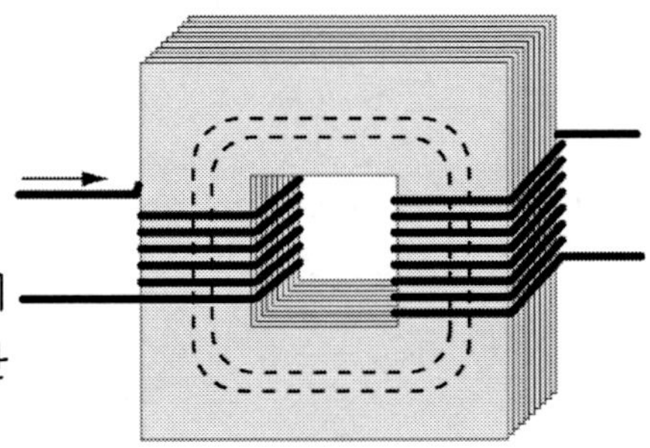

2) 자화력

자장의 세기를 나타내는 물리량으로 자기회로에서 **단위 길이 당 작용하는 기자력의 크기**로 정의한다.

$$H = \frac{\theta}{l} = \frac{I \times N}{l} \text{[A/m]}$$

3) 투자율

자속밀도(B)에 대한 자장의 세기(H)를 비율로 나타낸 값으로 투자율이 클수록 강자성체가 된다. 자속밀도 B는 같은 자장의 세기에서 투자율이 높은 자성체를 사용하게 되면 강력한 자속밀도를 얻을 수 있다. 상자성체, 반자성체의 투자율은 거의 1에 가까운 값을 갖는다.

$$\mu = \frac{B}{H} \qquad B = \mu H$$

4) 비투자율

진공의 투자율을 1로 했을 때 어떤 물체의 투자율과의 비율을 말한다. 반자성체인 물과 은의 경우 1이하, 강자성체인 철은 6,000, 철니켈 합금은 300,000의 비투자율 값을 가지고 있다.

5) 전기와 자기의 비교

전기회로	자기회로
기전력 V[V]	자기력 Θ[A]
전류 I[A]	자속 Φ[Wb]
저항 $R = \frac{V}{I}$	자기저항 $R_m = \frac{\theta}{\Phi}$

(3) 전자력

도체를 자기장내에 두고 전류를 흘리면 자기장과 도체는 서로 힘이 작용해서 도체가 움직이는데 이 힘을 전자력(electromagnetic force)이라고 하고 전류의 방향을 바꾸거나 자석의 극을 바꾸게 되면 힘을 받는 방향도 변하게 된다.

1) 자기장속에서 도체가 받는 힘

아래의 그림은 자기장속에서 도체에 전류가 흐를 때 도체가 받는 힘에 관한 것으로 전류가 흐르는 도체 주위에 형성되는 자기장과 자석에 의한 자기장이 서로 반대 방향이면 자기장이 서로 상쇄되어 자기장의 힘이 약해진다.

- 반대로 도체 오른쪽은 두 자기장이 같은 방향이므로 자속밀도의 세기가 더해져서 증가하게 된다. 따라서 도체는 오른쪽에서 자속밀도가 약한 왼쪽으로 밀려나게 된다.

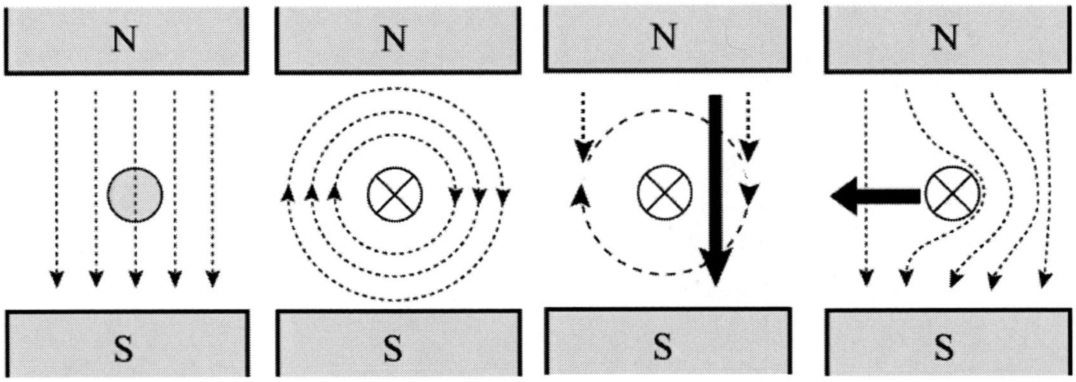

2) 플레밍의 왼손법칙

전자력에 의해 도체가 힘을 받는 방향 즉 도체가 이동하는 방향을 **플레밍의 왼손법칙**으로 확인 할 수 있다. 전류의 방향을 바꾸거나 자석의 극을 바꾸게 되면 힘을 받는 방향도 변하게 되는데 도체가 받는 힘의 방향을 쉽게 찾을 수 있다.

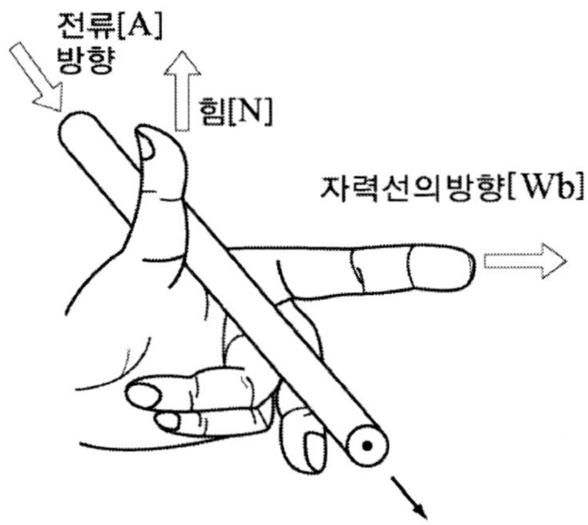

• 그림과 같이 왼손을 서로 직각이 되도록 펴면 왼손의 엄지(F)는 도체에서 전자력의 방향 즉 힘의 방향, 인지(B)는 자석에서 자력선의 방향을 그리고 중지(I)는 도체에서 전류의 방향을 나타내게 된다.

3) 전자력의 크기

도체에 흐르는 전류의 크기, 자석의 자속밀도와 자계 속의 도체의 길이에 따라 전자력의 크기가 달라지며 힘의 크기는 다음의 식으로 나타낼 수 있다.

$$F = B\ l\ I\ z\ \sin\theta[\mathrm{N}]$$

B : 자속밀도 [Wb/m^2] , l : 도체의 길이 [m] I : 도체를 흐르는 전류 [A]
z : 도체의 수 Θ : 전류와 자속이 이루는 각도

힘의 크기 F는 자속의 방향과 도체를 흐르는 전류의 방향이 90°일 때 전자력이 가장 크다.

[예제] 자속밀도가 2.5[wb/m^2]인 자계와 90° 각도를 이루는 2[m]의 도선에 1[A]의 전류가 흐른다면 발생되는 전자력의 크기는 얼마인가?
(sin 30° = 0.5, sin 45° =1/ $\sqrt{2}$, sin 60° = $\sqrt{3}$/2, sin 90° = 1)

풀이 : $F = Bliz\sin\theta = 2.5 \times 2 \times 1 \times \sin 90° = 5[\mathrm{N}]$

4) 전자력의 응용

전자력을 응용한 대표적인 장치로 전동기(모터)를 들 수가 있다. 전동기는 다음의 그림과 같이 자기장내에 사각형의 도선에 전류를 흘리면 **플레밍의 왼손법칙**에 따라 왼쪽 도선은 아래쪽으로 오른쪽 도선은 위쪽으로 힘을 받게 되어 회전하게 된다.

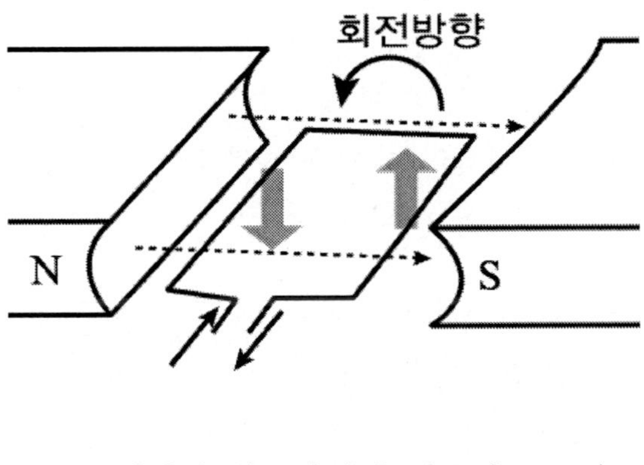

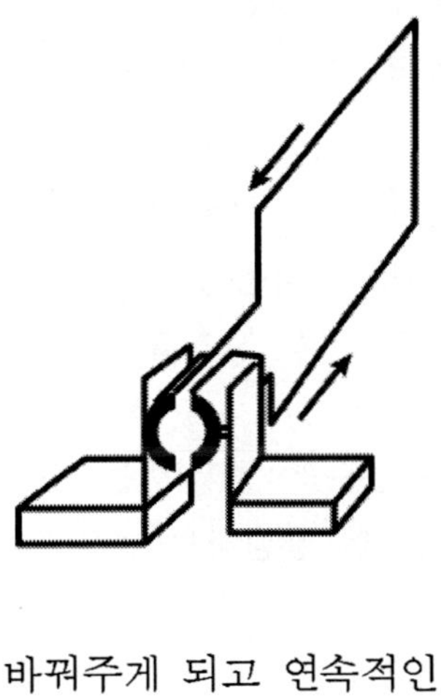

- 90°를 회전하면 정류자에서 전류의 흐름을 반대로 바꿔주게 되고 연속적인 회전

운동을 하게 된다. 이러한 자기장내에서 전류가 흐르는 도선이 어떻게 힘을 받는가를 다음에 나타내었다.

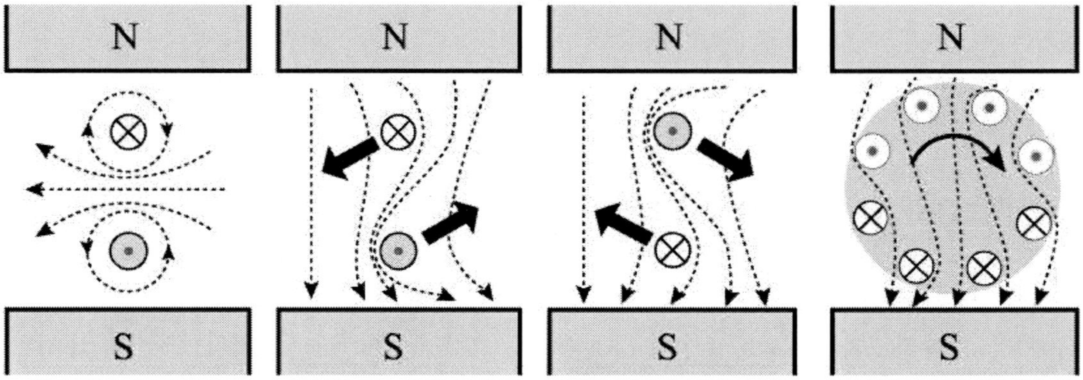

전류만 흐를때 / 두 개의 자기장이 겹칠 때 / 전류의 흐름이 반대일 때 / 철심에 코일을 감았을 때

- 모터가 강력한 회전력을 가지려면 $F = B \cdot l \cdot I \cdot z \cdot \sin\Theta$ [N] 식에서와 같이 자속밀도와 전류의 세기를 증가시키거나 그리고 도체의 수(Z)를 증가시키면 된다.

3 전자유도

(1) 유도기전력의 발생

자기장내에 있는 도체를 자기력선을 끊는 각도로 이동하면 도체에 기전력이 유도되는 현상이 발생한다. 이것을 **전자유도작용**이라 한다. 그리고 이때 유도된 전압을 **유도기전력,** 흐르는 전류를 유도전류라 한다.

(2) 플레밍의 오른손 법칙

전자유도 작용에 의하여 발생되는 유도기전력의 방향은 **플레밍의 오른손 법칙**에 의해 결정된다. 전기를 만드는 발전기의 경우에 적용된다.

- 오른손의 엄지(F)는 도체의 운동방향을 인지(B)는 자기력선의 방향 그리고 중지(I)는 도체에 발생하는 유도기전력(전류)의 방향을 나타낸다.

- 기전력의 크기는 자석의 자속밀도, 도체의 운동속도, 자계 속의 도체의 길이에

따라 달라지며, 발생하는 유도기전력의 크기는 다음의 식으로 나타낼 수 있다.

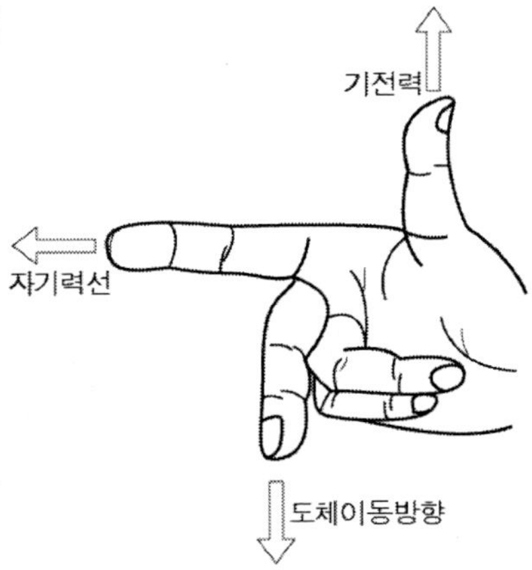

$$V = B \cdot l \cdot v \cdot z \cdot \sin\theta [V]$$

B : 자속밀도 [Wb/m2] l : 도체의 길이 [m]
v : 도체의 운동 속도 [m/s], z : 도체의 수
Θ : 자속과 운동 방향이 이루는 각도

(3) 렌츠의 법칙

전기 회로에서 발생하는 유도 기전력은 폐회로를 통과하는 자속의 변화에 반하는 유도 자기장을 만드는 방향으로 발생한다. 예를 들어, 폐회로를 통과하는 자속이 감소할 경우 이를 증가시킬 수 있는 유도 자기장을 만들기 위해, 유도 전류가 그에 맞는 방향으로 흐르게 된다. 고정된 코일에 자석을 접근시키거나 멀리 했을 때 이 코일에는 유도 기전력이 발생한다.

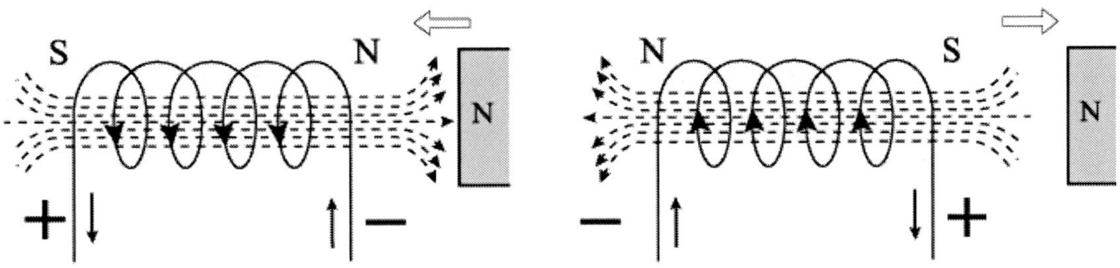

• 그림과 같이 코일에 N극을 가까이 이동하면 코일 주위는 자속이 점점 증가한다. 코일에는 자속의 증가를 막기 위해 자석 N극 가까운 쪽의 코일이 N극이 되도록 전류가 흘러 자속의 증가를 방해하게 된다. 이때 흐르는 전류가 바로 유도 전류이며 그 방향은 **앙페르의 오른손법칙**에 따라 코일의 우측이 N극이 되도록 흐른다. 전류가 흘러 들어가는 쪽은 —, 흘러나가는 쪽은 +가 된다.

• 이제 자석 N극이 멀어져 자속이 점점 약해지면 자속이 변화되는 것을 방해하려는 전류가 흘러 자석에 가까운 쪽 코일이 S극이 되도록 한다. 그래서 자속의 세기가 줄어드는 것을 보충하려는 유도전류가 흐르는 것이다.

(4) 패러데이 법칙

회로를 통과하는 자속이 변화할 때 그 회로에는 전압(기전력)이 유도되며 유도되는 기전력의 크기는 코일 속을 지나는 자속의 시간적 변화율과 코일의 감은 횟수에 비례한다.

$$V = -N\frac{d\Phi}{dt}[\mathrm{V}]$$

N : 코일의 권수 dΦ : 자속 변화량 [V · s] dt : 자속변화에 소요되는 시간 [s]

• 전자기유도현상에서 도선 또는 자석의 운동 속도를 크게 하거나 강한 자석을 사용하면 같은 시간 동안에 코일을 지나는 자속의 변화가 커진다. 또 코일의 감은 수를 증가시켜도 큰 유도기전력이 나타난다.

• 패러데이 법칙에서 — **부호**는 유도기전력이 자속의 변화를 방해하는 방향으로 유도기전력이 발생한다는 것으로 이것이 **렌츠의 법칙**이다.

[예제] 50회 감은 코일을 지나가는 자속이 10[msec] 동안 0.2[Wb]에서 0.4[Wb]로 증가하였다면 코일에는 얼마의 기전력이 유도되겠는가?

풀이: $V = N\frac{d\Phi}{dt} = 10 \times \frac{(0.4-0.2)}{0.01} = 200[\mathrm{V}]$

(5) 맴돌이 전류 (와전류)

자기장내에 있는 도체에 자기장의 변화 즉, 도체 내부를 지나는 자기력선의 변화를 주게 되면 변화를 방해하는 쪽으로 전자유도에 의해서 유도기전력이 발생(렌츠의 법칙)하여 유도전류가 흐르게 된다. 유도전류는 금속판 내에서 저항이 가장 작은 통로를 따라 흐르게 되며, 이와 같이 **전자유도 작용에 의하여 금속판의 저항이 가장 작은 통로로** 소용돌이 모양의 닫힌 통로를 흐르는 전류를 맴돌이 전류(eddy current) 또는 와전류, 푸코전류(Foucault current)라고 한다.

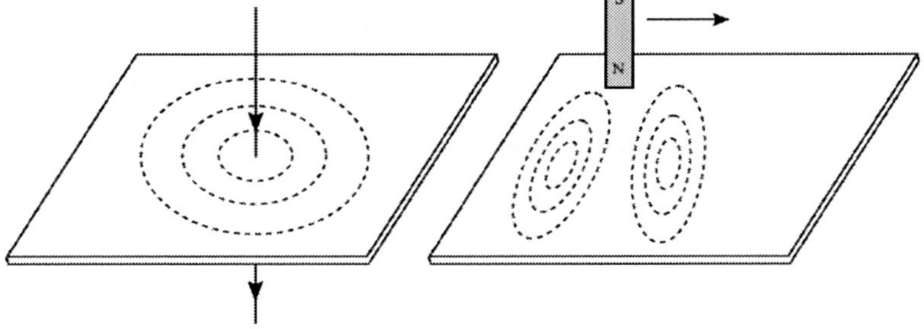

• 금속판위에 자석을 매달아 회전시키면 금속판이 같은 방향으로 회전하는 것을 볼 수 있다. 이 현상은 자석을 회전시키면 자석에서 발생하는 자기력선이 금속판을 통과하면서 자기력선이 부분적으로 변화하므로, 전자유도작용에 의하여 이 변화를 막기 위한 맴돌이 전류가 발생하고 **맴돌이 전류와 자기력선 사이에 플레밍의 왼손법칙에 따른 힘**이 작용하여 금속판이 자석을 따라 회전하게 된다. 유도전동기는 이 원리를 이용한 것이다.

1) 맴돌이 손실(와전류손실)

맴돌이 전류의 발생으로 도체에는 저항에 의한 열이 발생해서 온도가 올라가면 이로 인해 저항이 더 증가하게 되고 다시 전류가 더 감소하여 전체적으로 출력이 저하되는 현상을 와전류손실이라고 한다.

• 변압기 철심에는 사인파 교류 자기장이 통과하면서 내부에 맴돌이 전류가 생겨 맴돌이 손실이 발생한다. 이 손실의 크기는 자속과 주파수 각각의 제곱에 비례한다. 와전류손을 줄이기 위해서는 철심을 흐르는 자속과 직각방향(즉, 와전류가 흐르는 방향)의 철심 전기저항을 증가시켜 와전류의 크기를 줄이기 위해 절연피막 규소강판을 여러 장 포갠 철심을 사용한다. 이와는 반대로 고주파 유도로에서는 맴돌이 전류에 의한 발열을 이용한다.

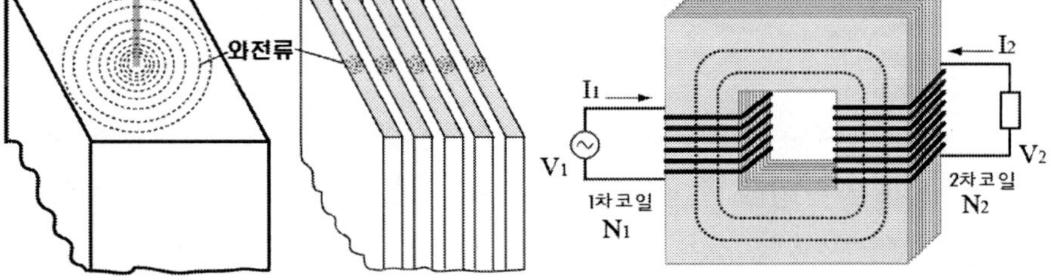

2) 맴돌이 전류 (와전류)의 응용

① 맴돌이 전류 브레이크 : 브레이크 원판에 자력선이 통과하면 전자유도 작용에 의하여 맴돌이 전류가 유도된다. 그런데 자속 내에서 맴돌이 전류가 발생되면 플레밍의 왼손법칙에 따라 전자력도 발생되며 이 전자력의 방향은 원판의 운동 방향과는 반대로 발생되므로 브레이크 작용을 하게 된다. 적산전력계, 레코드플레이어의 속도조절에 사용하기도 한다.

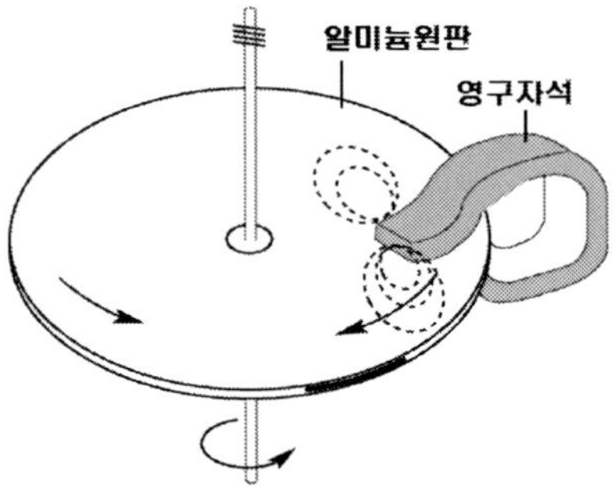

② 자석식 속도계 : 영구자석 주위에 설치된 유도판에 맴돌이 전류가 흐르게 되면 전자력에 의하여 유도판이 회전하게 되고 이 회전력과 속도계의 지침에 부착된 헤어 스프링의 복원력이 평형을 이루는 위치에서 지침이 정지하여 차량의 속도를 나타낸다.

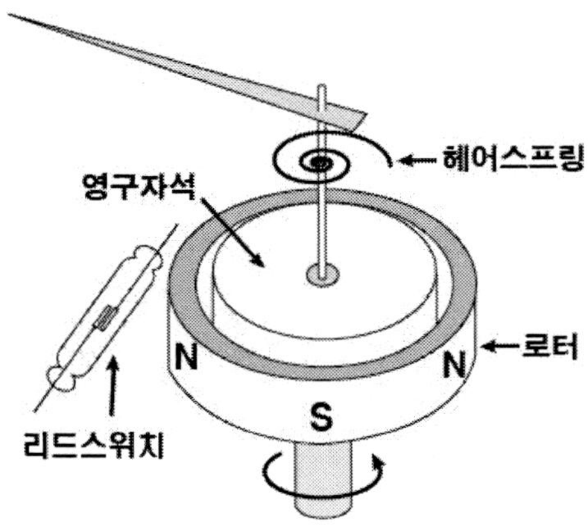

③ 금속탐지기 : 1차코일에 사인파 교류전류를 흘리면 연속적으로 변화하는 자기장이 만들어지고 이 자기장이 금속에 닿으면 금속내부에 변화하는 자기장이 만들어지면서 맴돌이전류가 형성된다. 이 맴돌이전류의 변화에 의해 자기장이 만들어져 금속탐지기의 2차코일로 감지한다.

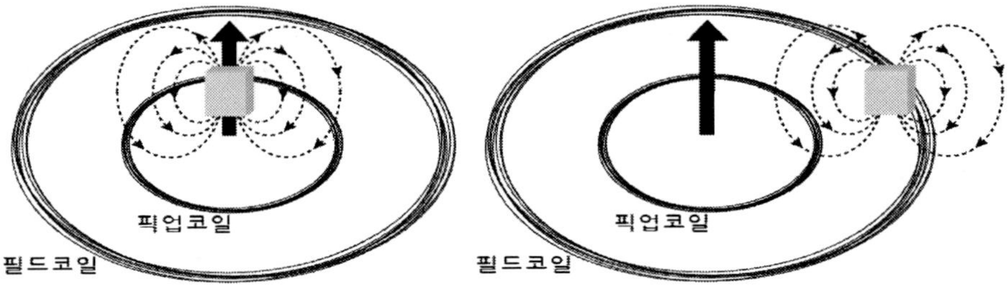

④ 유도가열 조리기구 : 조리장치안에는 20 ~ 50㎑의 고주파를 흘려서 자기장을 만들면 자력선이 냄비 바닥면을 통과할 때 맴돌이 전류가 만들어지고 냄비의 저항 때문에 냄비 바닥에 열이 발생한다.

⑤ 와전류 탐상검사 : 도체에 생긴 와전류의 크기 및 분포는 도체의 크기, 형상, 균열 등에 의해 변화된다. 와전류의 변화를 검출해서 결함의 유무 등을 검출한다.

[예제] 철 2㎏을 온도 25도에서 100도로 높이는데 필요한 열량은 얼마인가? 철의 비열은 0.21[Kcal/kg°C]이다.

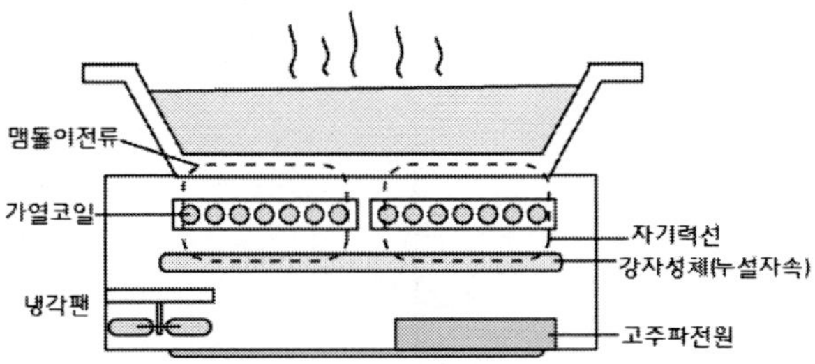

풀이 : 열량 계산 $Q = m \times c \times (t_2 - t_1)$, 열량 = 비열 × 질량 × 온도변화량

$Q = 2 \times 0.21 \times (100 - 25) = 31.5$ [Kcal]

4 자기유도와 상호유도

(1) 자기유도 (Self induction)

코일에 흐르는 전류의 세기가 변함에 따라 자속의 변화에 의해 그 코일 자체에 유도 기전력이 생기고 유도 전류가 흐르는 현상을 말한다.

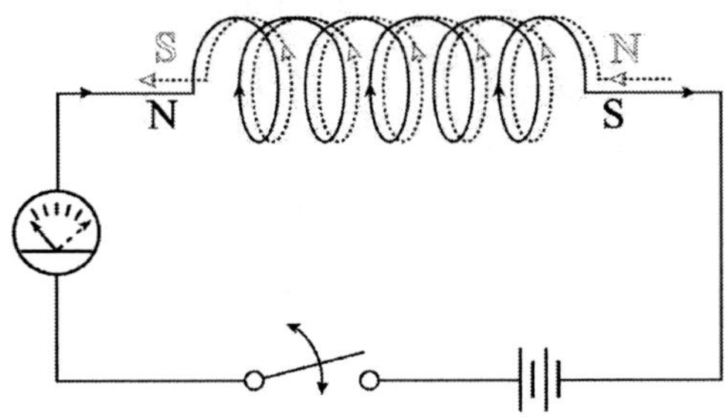

• 회로에 스위치 On하면 공급되는 전류에 의하여 **앙페르의 오른손법칙**에 따라 방향(N, S)으로 자력선이 형성된다. 이 때 코일에는 전자유도 작용에 의하여 코일에 발생되는 자속의 증가를 방해하려는 방향으로 기전력이 발생된다. 이 유도 기전력의 방향은 렌츠의 법칙에 따라 전류의 흐름 즉, 자기장의 형성을 지연시키는 방향(S, N)으로 작용하기 때문에 역기전력이라고 표현한다.

• 스위치를 Off 시키는 순간 전원 전류에 의한 자장이 소멸되므로 코일내의 자장을 계속 유지하려는 방향(전원 전류의 방향)으로 역기전력이 발생한다. **코일 자체의 자장 변화에 의하여 전압이 유도되는 현상을 자기유도**라고 한다.

• 스위치를 개폐하였을 경우의 코일을 통하여 흐르는 전류와 시간과의 관계는 다음과 같이 나타난다.

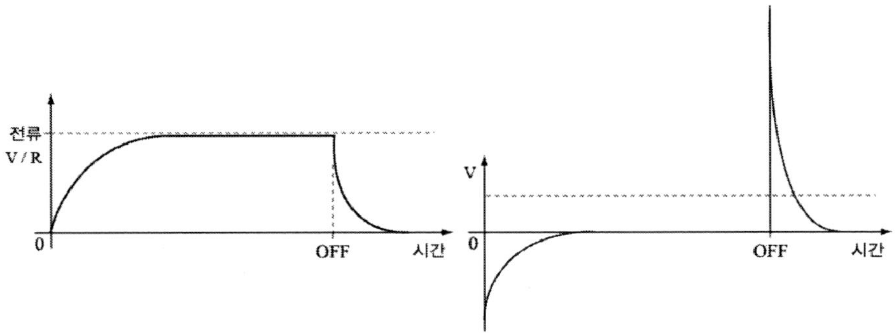

① 스위치 On

코일에는 자기유도 작용에 의하여 전원 전류와 반대 방향으로 역기전력이 발생되므로 코일을 흐르는 전류는 서서히 증가하고, 코일에서의 자속 변화는 심하지 않기 때문에 전자유도 작용에 의한 유도 전압은 전원 전압 보다 높아지지 않게 된다.

② 스위치 Off

코일에는 자기유도 작용에 따른 역기전력이 발생되므로 코일을 흐르는 전류는 곧바로 0이 되지 않고 서서히 소멸된다. 그러나 스위치를 여는 순간은 자기력선이 급격하게 감소해서 코일에는 전원 전압 보다 훨씬 높은 유도 전압이 발생된다. 스위치를 닫을 때(On) 보다 열 때(Off) 훨씬 큰 유도 기전력이 생기므로 스위치를 열 때, 불꽃이 튀는 정도의 매우 큰 전압이 발생하기 때문에 주의해야 한다. 스위치와 병렬로 콘덴서를 연결해서 고압을 흡수하는 조치를 하기도 한다.

1) 자기 유도 계수의 단위

자기 유도 계수의 단위로는 헨리(H)가 사용된다. 1 헨리(Henry)의 인덕턴스는 코일을 흐르는 전류의 시간적 변화가 1초당 1[A]일 때 코일에 1[V]의 유도 기전력이 발생하면 코일의 자기 유도 계수 L은 1[H]이다.

• 인덕턴스 : 코일에 흐르는 전류가 변할 때 자기유도 전압을 발생시키는 코일의 특성을 말한다. 즉 저항은 전류의 흐름을 방해하는 특성이고 **인덕턴스는 전류의 변화를 방해하려는 특성**이다.

2) 자기유도 기전력의 크기

자기 유도된 기전력의 크기는 코일을 흐르는 전류의 변화속도와 코일의 인덕턴스에 따라 크기가 결정된다.

$$V_s = L\frac{di}{dt}\,[\mathrm{V}] \qquad \text{L : 코일의 인덕턴스 [H]}$$

3) 인덕턴스

자기유도 계수 L의 크기는 코일을 감은 수의 제곱과 코일의 면적과의 곱에 비례하며, 철심을 넣으면 L은 수백에서 수천 배로 커진다. L이 큰 코일에서는 전류가 증가할 때보다 급격히 감소할 때 대단히 큰 기전력이 전류의 흐르는 방향과 같은 방향으로 생기기 때문이다.

코일의 인덕턴스 L은 다음의 식으로 나타낸다.

$$L = \frac{\Phi}{I}\,[\mathrm{H}], \qquad L = \mu\frac{A}{l}K\,N^2\,[\mathrm{H}]$$

Φ : 발생 자속 [Wb], I : 인가 전류 [A], μ : 코일심 투자율 [H/m]
A : 코일의 단면적 [m^2] ℓ : 코일 길이 [m], N : 코일 권수
K : 수정계수 ($\frac{\text{코일반지름}}{\text{코일길이}}$ 으로 결정)

[예제] 코일에 인가된 직류 전류를 5[ms]동안 3[A]에서 1[A]로 감소시켰더니 12[V]의 역기전력이 검출되었다면 이 코일의 자기 인덕턴스는 얼마인가?

풀이 : $V_s = L\frac{di}{dt}$ 에서

$$L = V_s\frac{dt}{di} = 12 \times \frac{0.005}{(3-1)} = 0.03[\mathrm{H}] = 30[\mathrm{mH}]$$

4) 솔레노이드(solenoid)

긴 원통에 원형의 도선을 여러 번 감은 것을 솔레노이드라고 한다. 솔레노이드의 내부에 만들어지는 자기장은 코일의 감은 횟수가 많을수록, 코일에 흐르는 전류의 세기가 클수록 크다.

솔레노이드 내부의 자기장의 세기 $B = (4\pi \times 10^{-7})\ n\ I\ (T)$

I : 인가 전류 [A], ℓ : 코일 길이 [m], N : 코일 권수
단위 길이당 감은 수 $n = N/\ell$

[예제] 공심코일을 제작하기위해 보빈(Bobbin) 5cm에 200회 감은 코일이 있다. 이 코일에 0.2A의 전류를 흘리면 코일 내부에서의 자기장은 얼마인가 ?

풀이 : 5cm에 200회 감았으므로 5 × 200회 = 1000
$B = 4\pi \times 10^{-7} \times nI = 4\pi \times 10^{-7} \times 1000 \times 0.2 = 8\pi \times 10^{-5}\ (T)$

(2) 상호유도 (Mutual Induction)

코일 자체의 직접적인 전류의 변화나 자기장의 변화가 없이 두 개의 코일을 가까이에 두고 다른 쪽 코일의 전류의 변화만으로 유도기전력이 발생하는 현상을 **상호유도**라고 한다.

• 다음의 회로에서 1차코일의 스위치를 개폐시킬 경우, 1차 코일에는 자기유도 작용에 의해 역기전력이 발생해서 인접한 2차 코일에도 영향을 미치게 되어, 상호유도 작용에 의해 2차 코일에도 기전력이 유도된다. 2차 코일에 흐르는 유도 전류의 방향은 1차 코일에 생긴 자기 유도에 의한 유도 전류의 방향과 같다.

1) 상호유도 기전력의 크기

2차 코일에서 상호 유도된 기전력의 크기는 두개 코일간의 특성을 나타내는 상호 인덕턴스를 이용하여 다음 식과 같이 결정된다.

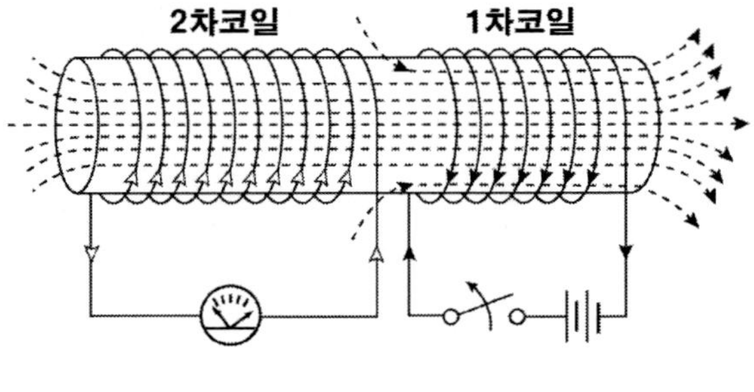

$V_m = M\dfrac{di}{dt}[\mathrm{V}]$ M : 상호 인덕턴스 [H]

$M = \sqrt{L_1 \cdot L_2}$ L_1, L_2 : 자기 인덕턴스

• 1차 코일에 연결된 스위치를 닫을 때나 열 때만 2차 코일에 전류가 흐르고 스위치를 닫은 상태이거나 열려있는 상태에서는 전류가 흐르지 않는다.

• 코일 속에 쇠막대(강자성체)를 넣었을 때 2차 코일에서 유도 기전력이 더 커지는 이유는 1차 코일에서 생긴 자속이 2차 코일을 많이 통과하면 상호 유도의 효과도 커지는데, 쇠막대가 자성체이므로 이를 넣지 않았을 때보다 자속을 더 많이 통과시키기 때문에 2차 코일의 유도 기전력이 매우 커지게 된다. 이와 같은 원리를 이용하면 1차 코일에 수 볼트의 전원을 연결하여 2차 코일에서 수 만 볼트를 얻을 수 있다. 이런 장치를 **유도 코일**이라고 한다.

3) 상호유도 작용을 응용한 변압기

1차 코일과 2차 코일의 감은 수가 각각 N_1, N_2 그리고 1차 코일에 주어진 전압을 V_1, 2차 코일에 유도되는 기전력이 V_2이면

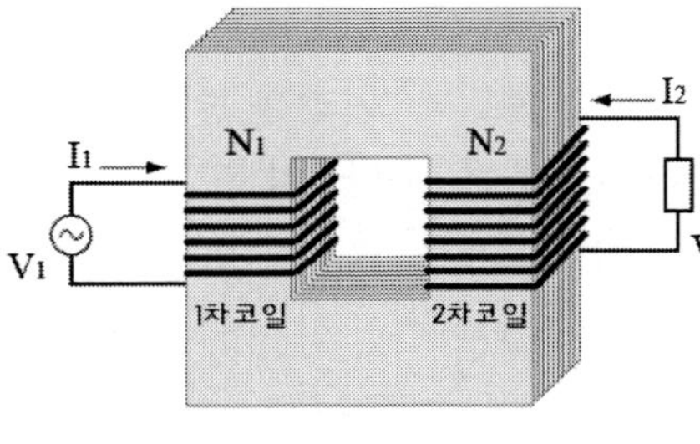

$$\frac{V_1}{V_2} = \frac{N_1}{N_2}$$

• 변압기에서 1차 코일의 전력과 2차 코일의 전력은 같아야 한다. 따라서 1차 코일과 2차 코일에 흐르는 전류의 세기를 각각 I_1, I_2 라고 하면 $I_1 \times V_1 = I_2 \times V_2$의 관계가 성립한다.

• 다음은 코일을 감은수와 상호유도 기전력에 관련된 식이다.

$$V_1 = -N_1\frac{d\Phi}{dt}[V] = -M\frac{di_2}{dt}[V]$$

$$V_2 = -N_2\frac{d\Phi}{dt}[V] = -M\frac{di_1}{dt}[V]$$

$$M = L \times \frac{N_2}{N_1}, \qquad V_2 = V_1 \cdot \frac{N_2}{N_1}$$

[예제] 220[V]를 12[V]로 강압하는 트랜스를 만들려고 한다. 1차 권선수를 400회를 하면 2차권선수는 얼마를 해야하는가? 부하전류가 10[A]라면 1차권선에 흐르는 전류는 얼마인가?

풀이 : $\frac{V_1}{V_2} = \frac{N_1}{N_2}, \qquad N_1 = \frac{V_2}{V_1} \times N_2 = \frac{4,800}{220} = 24$

$$V_1 I_1 = V_2 I_2 \qquad \frac{V_1}{V_2} = \frac{I_2}{I_1} \qquad \frac{220}{12} = \frac{10}{I_1},$$ I_1 = 545.5 [mA]

3) 유도 코일(induction coil)

전자유도현상을 이용해서 고전압을 얻는 장치이다. 1차코일로 전자석을 만들고 그 위에 2차 코일을 감고 1차코일의 회로를 열고 닫아 전류의 변화에 따른 자력선의 급격한 변화에 의해 고압의 기전력이 유도되어 2차 코일에 높은 전압을 얻는 장치이다.

- 상호유도의 원리를 이용해서 비교적 낮은 수V의 직류로부터 수만V의 고전압을 얻기 위해 2차 코일은 아주 가는 도선으로 1차코일위에 수천~수만 번 감는다.

- 다음회로는 유도회로를 이용하는 자동차의 점화회로이다.

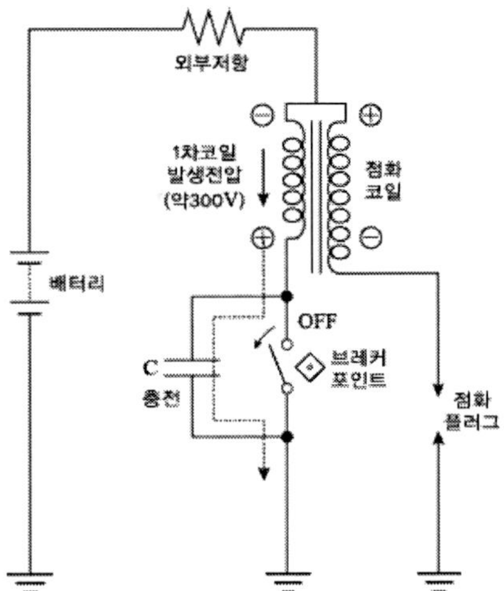

2차코일은 0.05~0.1mm의 에나멜선을 20,000~30,000회 감고 그 위에 0.5~1.0mm의 1차 코일을 200~300회 감아서 만든다. 1차 코일에 자기유도 기전력에 의해 200~300V가 발생하고 2차 코일에는 상호유도작용에 의해 25,000~28,000V의 고압이 발생한다.

① 브레커포인터에 의해 회로 Off :
자기유도에 의해 전류 변화를 늦추는 방향으로 1차코일에 기전력이 생긴다. 이것으로 콘덴서를 충전한다.

② 브레커포인터에 의해 회로 On :
1차코일에는 자기유도에 의해 반대방향의 기전력이 발생한다. 콘덴서의 충전된 전하가 1차코일의 자기유도를 상쇄시키는 방향으로 동작한다.

③ 브레커포인터에 의해 회로 Off :
회로를 닫을 때(On)보다 열 때(Off)가 1차코일의 전류 변화가 크므로 유도기전력의 크기가 더 크다. 콘덴서가 방전하면서 1차코일에 생기는 자체유도기전력을 약화시키는 작용을 한다. 그러므로 콘덴서가 없을 때보다 더 빨리 전류가 감소하게 되고 2차코일에 유도되는 유도기전력은 더욱 커진다. 2차코일에는 수만V의 유도기전력이 발생하고 점화플러그를 통해서 방전한다.

- 점화코일의 1차 코일에 장시간 전류가 흐르면 열이 발생하고 이로 인한 저항의 증가로 전류의 감소가 생겨 자기장의 세기에 문제가 생긴다. 이러한 이유로 각 코일에는 저항을 연결하고 1차 코일을 2차코일의 바깥에 감고 냉각용 오일에 넣어 냉각을 한다.

[예제] 변압기의 입력 전압이 220V이고 1차 코일의 감은 수가 100회, 2차 코일의 감은 수가 500회인 변압기가 있다. 이 변압기의 효율이 75%라 할 때 2차 코일에 100Ω의 저항을 연결했다면 1차 코일에 흐르는 전류의 세기는?

풀이 : 변압기에서 전압과 코일의 감은 수는 $\frac{V_1}{V_2} = \frac{N_1}{N_2}$ 비례한다.

100 / 500 = 220 / V_2 , V_2 = 1100V
변압기의 효율 75%는 1차 코일의 에너지의 75%만 2차로 전달된다.
그리고 1차 코일의 전력과 2차 코일의 전력은 같아야 하므로 $I_1 \times V_1 = I_2 \times V_2$
$(I_1 \times 500) \times 0.75 = 1100^2 / 100[\Omega]$, $375I_1 = 12100$ $I_1 = 32.27[A]$이다.

[예제] 상호 인덕턴스가 2[mH]인 변압기에서 1차 코일의 전류가 0.1[A]의 변화를 일

으키는데 5[ms]가 걸렸다면 2차 코일에 유도되는 전압은 얼마인가?

풀이 : $V_m = M\frac{di}{dt} = 2 \times \frac{0.1}{0.005} = 40[V]$

[예제] 권수가 200인 1차 코일에 300[V]의 기전력이 유도되는 점화 코일에서 권수가 20,000인 2차 코일에는 얼마의 전압이 유도되겠는가?

풀이 : $\frac{V_1}{V_2} = \frac{N_1}{N_2}$, $V_2 = \frac{N_2}{N_1} \times V_1 = \frac{20,000}{200} \times 300 = 30,000[\mathrm{V}] = 30[\mathrm{kV}]$

실 습 1

6V전지에 연결된 100V용 네온램프를 자기유도기전력을 발생시켜 켜보는 실습을 해 본다.

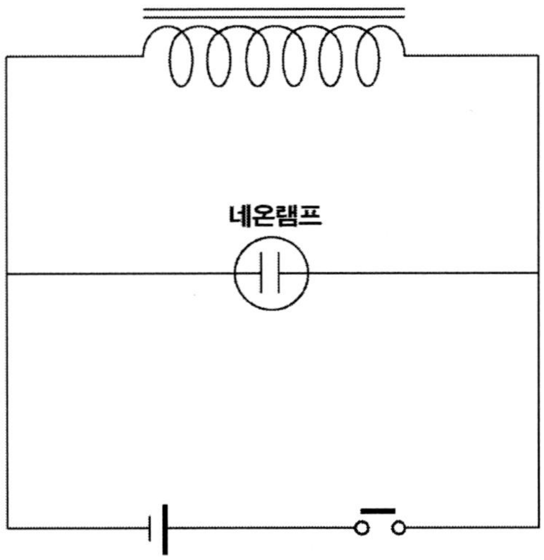

1. 준비물

브레드보드
네온램프(100V)
버턴스위치
철심에 감은 코일
6V 전지
선

2. 실습방법

높은 전압이 유도되기 때문에 손이 닿지 않도록 주의한다.

① 회로도와 같이 브레드보드에 연결한다.
② 버턴스위치를 누를 때와 놓을 때 각각 네온램프가 켜지는지 확인한다.
③ 버턴스위치를 계속 누르고 있거나 놓은 상태에서의 변화를 확인한다.

3. 네온램프

네온램프는 표시등, 검전관 등 여러 용도로 사용되며 소비전력은 주로 1 ~ 3W이고 0.05W의 소형인 것도 있다. 유리관 속에 아르곤가스를 주입하고 2 ~ 3㎜ 간격의 전극이 있다. 1㏀ 저항을 직렬 연결하여 글로우 방전시 전류를 제한한다. 100V, 200 ~ 220V용이 있고 100V용은 75 ~ 85V가 방전개시전압이고 220V용은 140 ~ 160V가 방전개시전압이다.

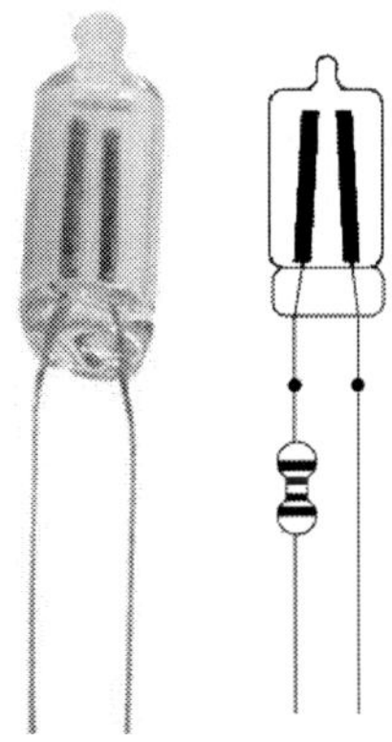

4. 실습 결과

실습방법에 따라 측정한 내용을 입력한다.

버턴 스위치	네온 램프	비 고
누르는 순간		
누른상태가 계속되고 있을 때		
놓는 순간		
놓은 상태가 계속되고 있을 때		

실 습 2

패러데이법칙과 렌츠의 법칙을 확인해보자.

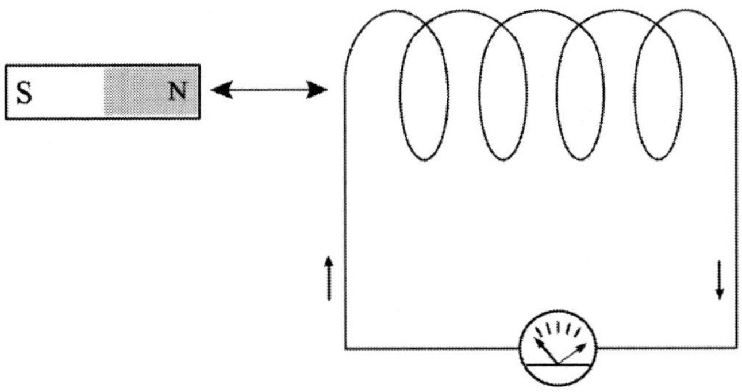

1. 준비물

브레드보드
자석(2종)
테스터
코일(에나멜선 18번을 5㎝ 종이 보빈에 100회 감은 코일)
선

2. 실습방법

높은 전압이 유도되기 때문에 손이 닿지 않도록 주의한다.
① 회로도와 같이 브레드보드에 연결한다.
② 표에 있는 실험조건들을 실험을 해서 기록한다.

3. 실습 결과

실습방법에 따라 측정한 내용을 입력한다.

조 건	전압의 극성과 크기	전류(μA)
자석 정지		
자석을 코일에 서서히 접근		
자석을 코일에 빠르게 접근		
자석을 코일에 서서히 후퇴		
자석을 코일에 빠르게 후퇴		
자석을 코일 속에 넣은 상태		
자석을 코일 속에서 빼내는 상태		

제7장 반도체와 정류회로

1 반도체

반도체(semiconductor)는 도체와 부도체 사이의 중간적 성질을 갖는 물질로서 최외각 가전자가 상온의 열에너지 환경에서 전도대로 건너뛸 수 있는 높이의 금지대 간격(부도체 ~5eV, 반도체 ~1eV, 도체 ~0eV)을 가진 물질들 특히 최외각에 4개의 가전자를 갖는 4가의 원소들을 주로 반도체의 재료(가전자가 8개 되어야 안정)로 사용된다.

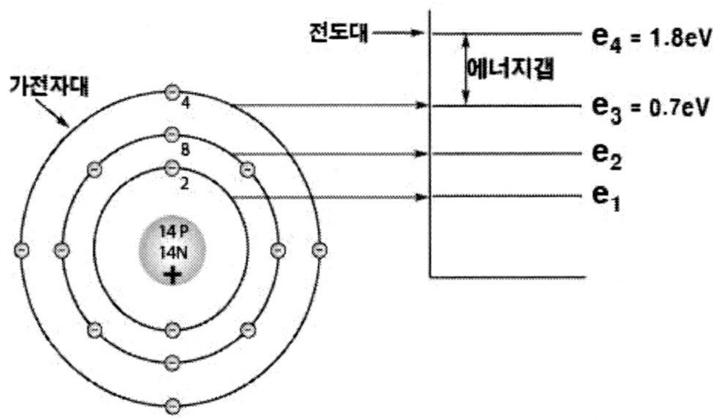

실리콘원자(14)의 에너지갭과 에너지 준위

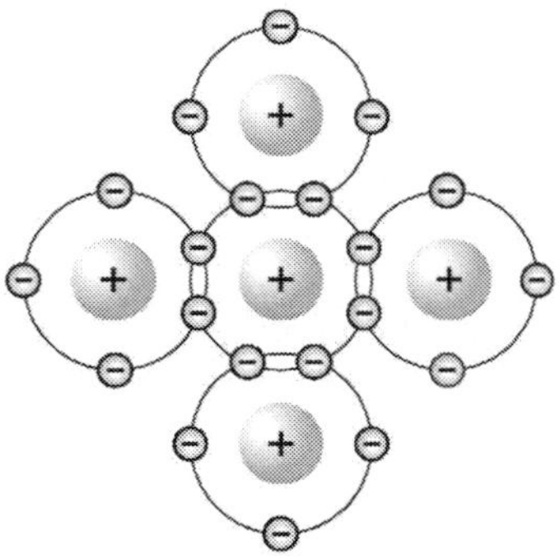

공유결합

• 진성반도체 : 실리콘(Si)이나 게르마늄(Ge)과 같은 순도가 매우 높은 순수반도체로 공유결합을 하고 있는 가전자의 일부는 외부로부터 빛, 열 등의 에너지를 흡수하여 전도대로 이동하여 전류를 흐르게 하는 역할을 한다. 실리콘은 1.12eV, 게르마늄은 0.67eV 정도의 금지대 폭을 가지고 있어 상온의 열에너지로 충만대의 일부가전자가 전도대로 건너 뛸 수 있게 된다. 이러한 물질들이 반도체의 재료가 된다.

• 공유결합 : 최외각 가전자 4개인 실리콘의 경우 서로 이웃하는 원자들과 전자를 공유하는 결합으로 각각 8개의 전자를 갖게 되어 안정 상태를 유지한다.

• Si(14) 반도체가 Ge(32) 반도체 보다 높은 전압과 높은 온도에 이용되는데, 게르마늄의 경우 최외각 가전자대가 원자핵으로부터 멀어서 원자핵으로 부터의 구속력이

약해서 작은 에너지의 흡수로 쉽게 전자가 전도대로 이동하기 때문이다. 반면에 Si반도체는 더 높은 전압과 온도를 가해야만 공유하던 전자가 전도대로 이동하게 된다. 실리콘원자는 가전자대에서 전도대로 전자가 전이하기위해서 1.1eV 크기의 에너지를 흡수해야한다. Ge 원자 각각의 궤도에 전자가 2개, 8개, 18개, 4개가 있다.

* 실리콘 1.8eV(전도대) - 0.7eV(세번째 궤도: 가전자대) = 1.1eV

(1) P형 반도체 (Positive Semiconductor)

P형 반도체는 진성 반도체에 3가의 원소(B붕소, In인듐, Ga갈륨)를 혼합(doping)하여 전자가 부족한 불순물 반도체를 말하며 정공이 전류의 흐름을 주도하게 된다. Si은 최외각전자 4, Ga은 3개로 공유결합을 하면 7개로 전자 1개가 부족한 상태가 된다.

P형 반도체는 전기적으로는 중성이지만 전자 1개를 받아들여 안정을 취하려는 +전하의 특성을 가지기 때문에 P형 반도체라 하며, 이때 전자의 빈자리를 정공(Positive hole)이라 한다.

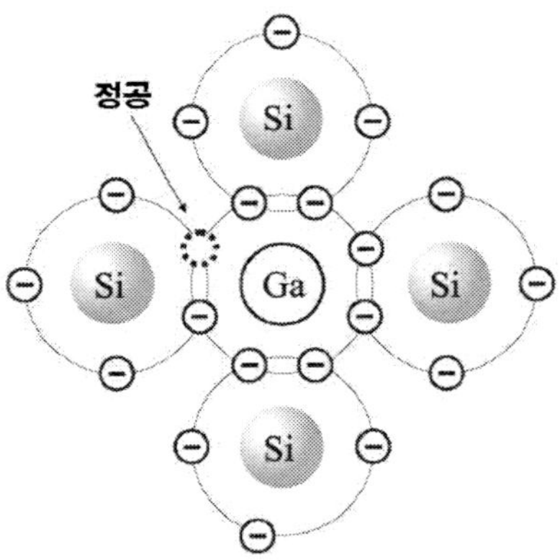

• P형 반도체에 전압을 가하게 되면 주위의 자유전자가 정공의 자리를 채우면서 다시 그 전자의 자리에 정공이 형성되고 그 자리를 다시 자유전자가 채우게 되므로 정공이 이동하는 것으로 생각할 수 있다. 전류의 흐름을 주도하는 다수캐리어가 정공이라고 할 수 있다.

(2) N형 반도체 (Negative Semiconductor)

N형 반도체는 진성 반도체에 5가의 원소(As비소, P인, Sb안티몬)를 도핑하여 전자가 과잉상태인 불순물 반도체를 말하며 전자가 전류의 흐름을 주도하게 된다. Si은 최외각전자 4, Sb은 5개로 공유결합을 하면 9개로 전자 1개가 남는 상태가 된다. N형 반도체는 전기적으로는 중성이지만 과잉전자 1개를 내보내서 안정을 취하려는 —전하의 특성을 가지기 때문에 N형 반도체라고 한다.

• 진성 반도체에 5가의 원소를 첨가하게 되면 과잉전자가 생성되어 쉽게 전기의 전도에 기여하게 된다. 따라서 전류의 이동은 자유전자에 의하여 이루어지므로 다수캐리어는 전자가 된다. 전자의 이동 속도는 정공 보다 약 4배 이상 빠르다.

(3) PN반도체 접합

PN 반도체의 접합은 P형반도체와 N형반도체는 제조시에 화학적으로 결합되어 접합시킨 형태이며 원자의 배열은 연속되어 있다.

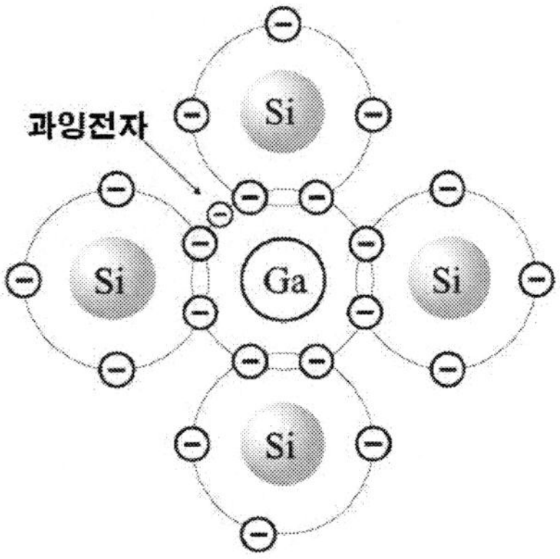

- P형 반도체에는 정공이 오른쪽의 N형 반도체에는 자유전자의 밀도가 조밀한 상태이며, 접합면에서는 N형 반도체의 자유전자가 P형 반도체로 확산되어 넘어가 정공과 만나 소멸된다.

N형 반도체 쪽은 자유전자가 이동한 자리에 정공들만 남고 P형 반도체 쪽은 N형 반도체 자유전자가 정공들과 결합되어 소멸되어 전자들만 남게 된다.

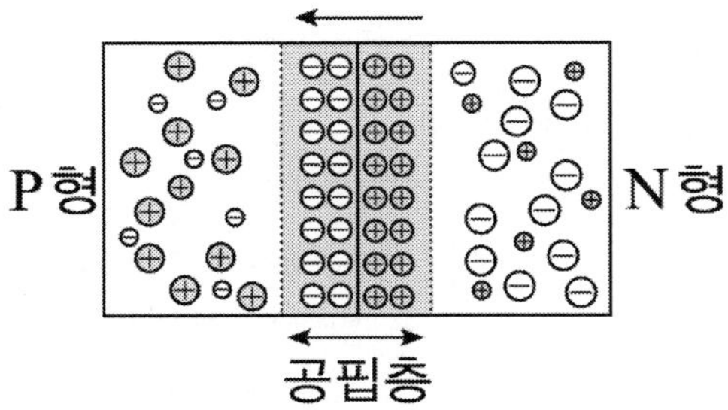

- 접합면에 확산된 정공과 자유전자가 서로 결합되어 캐리어가 존재하지 않는 부분을 공핍층이라 한다. 그리고 전위장벽의 생성으로 확산이 더 이상 진행되지 않으며 Si접합에서는 0.6V, Ge접합에서는 0.3V의 전위장벽이 만들어진다.

- 다이오드나 트랜지스터의 기본 구성이 되는 PN접합에서는 외부에서 가한 전압이 공핍층의 역방향 전위장벽(Si PN접합: 0.6V)보다 높은 전압을 인가해야 공핍층을 뚫고 전류가 흐르게 된다.

2 다이오드

다이오드는 P형 반도체와 N형 반도체를 접합(Junction)하여 순방향으로는 전류를 흐르게 하고 역방향으로는 전류를 차단하는 기능을 가진다.

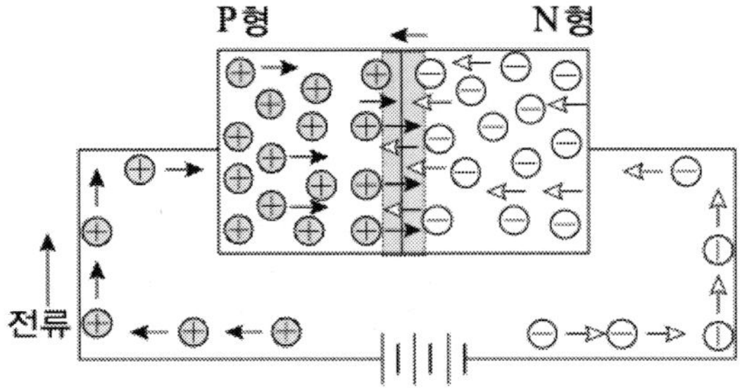

순방향 바이어스

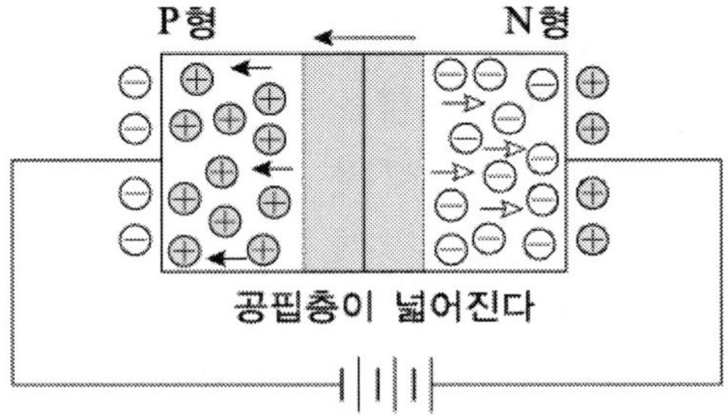

역방향 바이어스

(1) 다이오드의 동작원리

N형 반도체에 있는 전자들이 공핍층의 역방향 전위장벽 때문에 이동하지 못하다가 순방향으로 전위장벽보다 높은 전압을 인가하면 N형 반도체에 있는 전자들이 접합면을 넘어서 P형 반도체로 들어간다. 전원의 —극에서 계속 공급되는 전자들이 계속 전위장벽을 넘어서 전원의 +극에 이르게 되면서 전류가 흐르게 된다. 정공은 같은 원리로 +극에서 — 극으로 이동하게 된다.

- 역방향으로 전원전압을 인가하면 N형 반도체에 있는 전자들이 전원의 +극, 정공은 —극으로 이동하면서 접합면은 전자와 정공이 없는 공핍층의 두께가 넓어진다. 결국 전류가 흐르지 못하게 된다.

(2) 다이오드의 극성

P형 반도체 쪽의 단자를 A(애노드), N형 반도체 쪽의 단자를 K(캐소드)라고 하고 심볼은 다음과 같다.

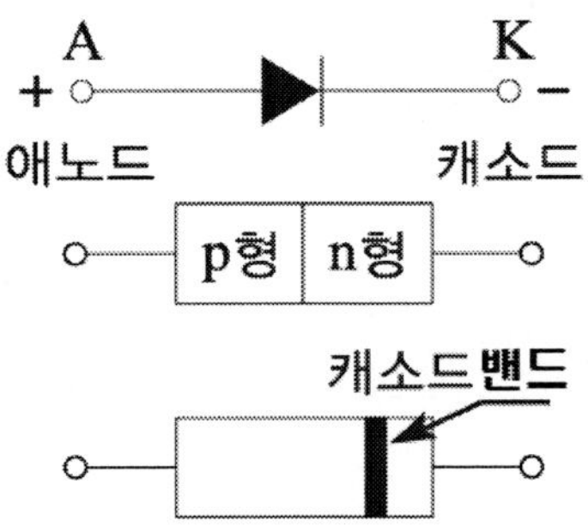

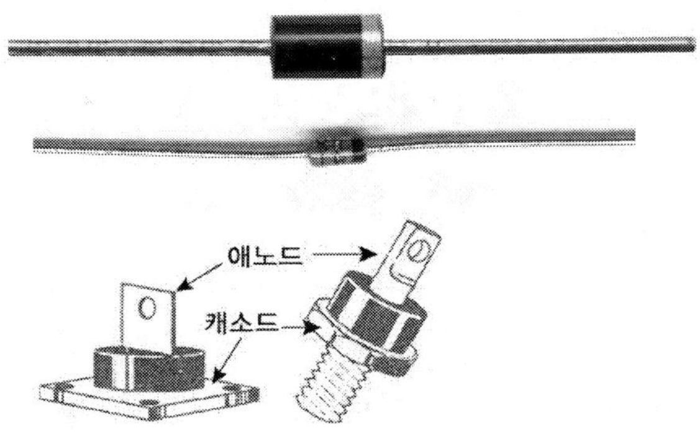

(3) 다이오드의 역방향 특성

다이오드에 역방향 전압을 부과하면 공핍층 근처의 다수 캐리어가 외부 단자쪽으로 이동하여 공핍층이 넓어진다. 역방향 전압을 점차적으로 높여가면 소수캐리어를 전압으로 충분히 가속시켜 공유결합을 깨트리게 되고, 튀어나온 전자는 2차, 3차 반복 충돌로 이웃 공유결합을 반복해서 깨트려서 일정 전압부근에서 급작스럽게 큰 전류가 흐르게 되면서 반도체는 파괴된다. 이때 인가된 전압을 **항복전압**이라고 한다. 일반적으로 정류용 다이오드의 항복전압은 50[V] 이상이다.

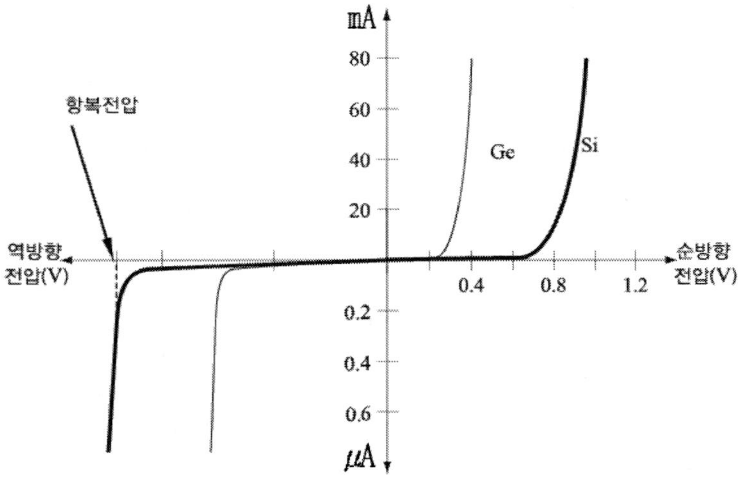

• 다음은 역방향전압과 순방향 전압을 인가했을 때 흐르는 전류를 나타낸다. 순방향 전압을 점차로 증가시킬 경우 일정 전압 (Offset 전압)에 도달하면 전류가 급격히 흐르기 시작한다.

• 이러한 특성들을 응용한 많은 종류의 다이오드가 사용되고 있다. 정류 다이오드, 스위칭 다이오드, 역방향 특성을 이용한 것으로 제너 다이오드 등이 있다.

(4) 제너 다이오드

역방향 전압을 증가하면 제너현상에 의해 급격히 전류가 증가하기 시작하는 전압을 **제너전압**이라고 한다. 이것은 반도체의 불순물의 농도를 이용하여 특정한 전압(1 ~ 1000V)에서 동작하도록 만든다.

• 제너 다이오드는 역방향 전류의 변화에 관계없이 항상 전압이 일정하게 유지되

므로 정전압 회로에 사용한다.

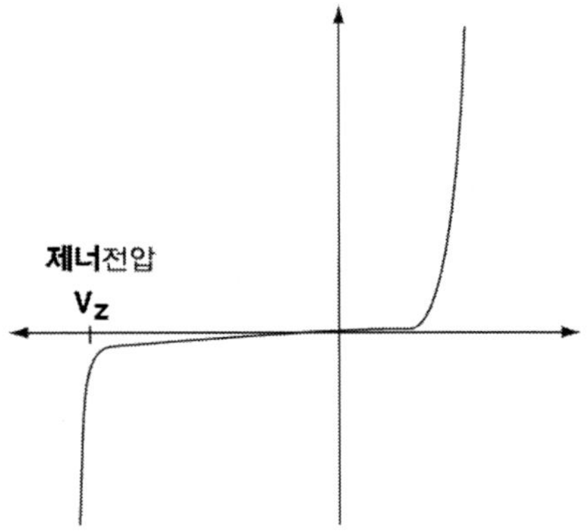

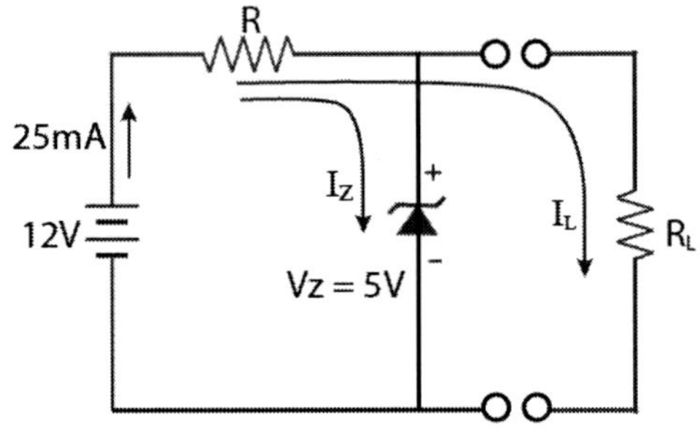

제너다이오드는 5V 이하 전압에 대해서는 전류의 흐름을 차단하고 자신의 항복전압 5V이상의 전압에 대해서는 역방향으로 통과시켜 부하에는 항상 5V가 출력되도록 동작한다.

3 정류작용

PN접합에 순방향 전압을 인가하면 전류가 흐르고 반대의 경우는 전류가 흐르지 않는 것을 이용하여 교류 신호를 정류하여 직류로 만들 수 있다.

(1) 단상 반파 정류

다음은 교류전압을 입력으로 하고 정류용 다이오드를 연결하면 다이오드에 순방향으로 전압이 입력되는 경우에만 신호가 통과하고 역방향으로 걸리게 되면 다이오드를 통과하지 못하는 것을 반파 정류회로와 출력 파형을 나타내고 있다.

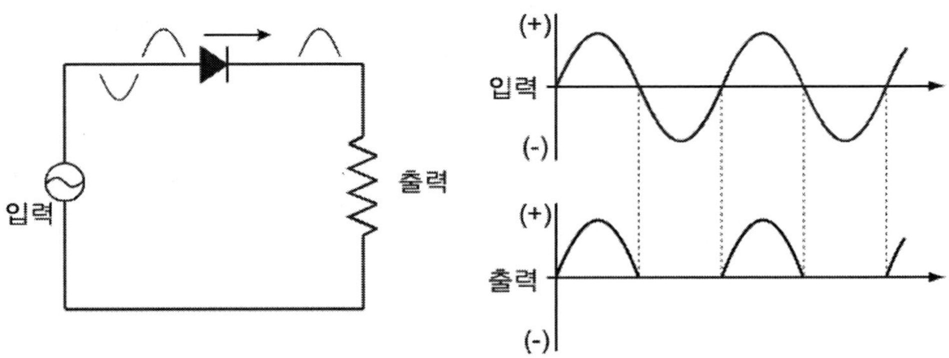

• 회로에서 다이오드에 +신호가 입력되면 순방향 전압이 걸리게 되므로 전류는 흐르지만 반대로 —신호가 입력되는 경우에는 다이오드의 역방향 특성으로 인하여 전류가 흐르지 못하게 된다.

(2) 단상 전파 정류

다음의 단상 전파정류 회로는 교류신호가 +와 —전압 크기에도 다이오드를 통과하여 출력으로 나타나도록 구성한 것이다. 4개의 다이오드를 브리지 접속하여 구성한 회로와 출력파형을 나타내고 있다.

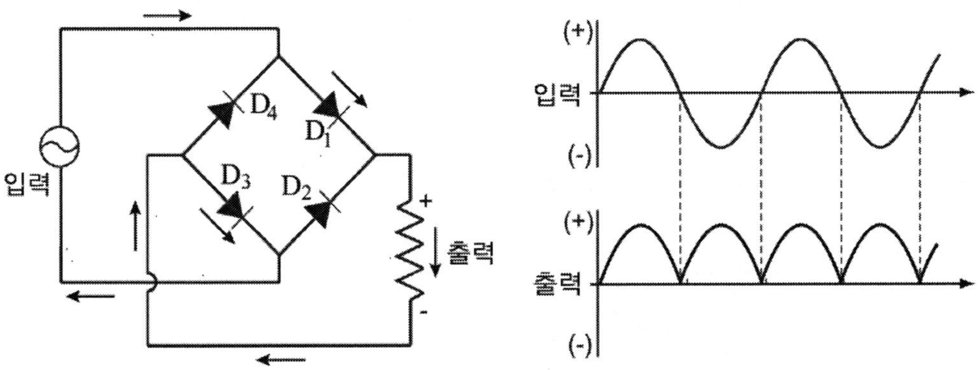

•교류입력 신호의 흐름은 다음과 같다. 부하 쪽에 걸리는 전압은 교류 신호가 + 이건 — 이건 모두 동일한 방향으로 걸리게 된다. 따라서 부하에는 —부분이 없는 정류된 신호가 나타난다.

∩ : 입력 → D1 → 부하 → D3 → 전원

∪ : 입력 → D4 → 부하 → D2 → 전원

• 다음은 자동차의 알터네이터(3상 교류발전기)에 사용되는 3상 전파 정류회로를 나타낸 것이다.

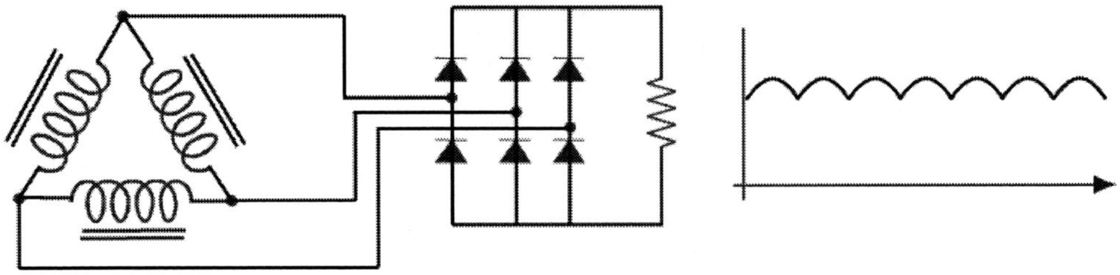

(3) 평활회로

60Hz의 교류신호를 전파 정류한 파형은 직류성분에 교류성분이 추가된 맥류가 된다. 맥류에 남아있는 교류성분을 제거해서 직류성분만 출력하기 위한 것이 평활(平滑)회로이다.

• 전파정류회로에 간단한 평활기능을 추가한 경우의 파형을 나타내고 있다. 120Hz의 교류 성분이 남아있으며 이러한 것에 의한 잡음을 **리플잡음**이라고 한다.

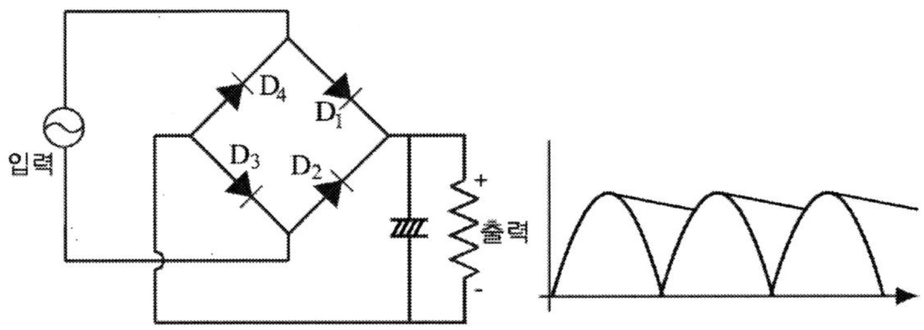

• 이러한 리플성분을 가능한 나타나지 않도록 여러 가지의 **평활회로**를 사용하고 있으며 콘덴서와 교류성분의 흐름을 억제하는 코일(인덕터)을 사용하면 리플제거에 큰 효과가 있다. 다음은 대표적인 전파정류회로에 평활회로를 추가한 예를 나타내고 있다.

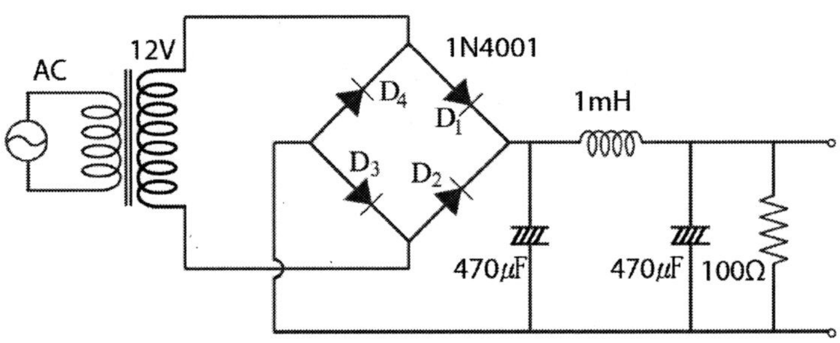

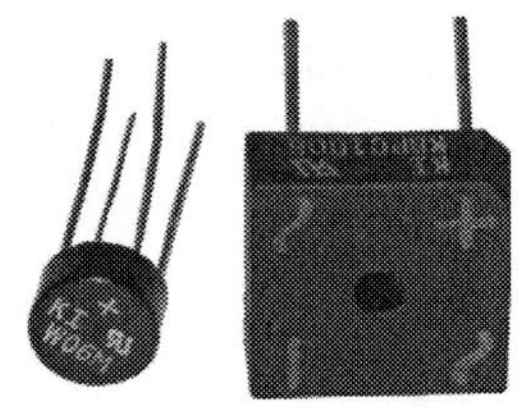

• L 성분은 주파수의 변화에 따른 전류의 변화에 대해 역기전력의 특성으로 교류 흐름을 억제한다. C는 높은 주파수에 대해 잘 흐르는 특징이 있어 높은 주파수들을 접지로 빼버리게 된다. 저항은 부하의 변동에 대한 급격한 전압변동을 완화하기 위한 것이다. 그리고 정류회로를 OFF 했을 때 대용량 콘덴서에 충전되어 있던 전하의 방전 통로의 역할도 한다.

(4) 3단자 레귤레이터IC이용한 정전압회로

1) 정전압회로

정전압회로는 출력전압의 변동에도 안정된 전압을 유지하고 충분한 직류전류를 공급하는 회로이다. 이러한 정전압회로는 다이오드의 역방향 특성을 이용한 제너다이오드를 사용해서 만들어진다.

• 제너다이오드의 항복전압보다 높은 직류 입력전압은 제너다이오드를 통해서 —로 빠져버린다. 아래의 회로의 경우는 12V용 제너 다이오드를 사용했다면 입력 전압에 관계없이 출력으로 12V만 출력된다.

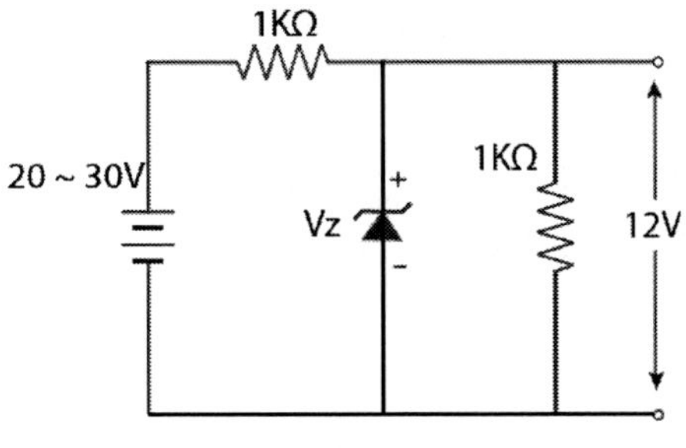

2) IC를 이용한 정전압회로

일반적으로 가정 많이 사용되는 방법이 3단자 레귤레이터 IC를 사용한 회로이다. 특히 78, 79 시리즈(7805, 7806, 7808, 7809, 7810, 7812, 7815, 7818, 7824)의 정전압용 IC는 보편적으로 많이 사용되고 있다. 이러한 정전압 IC 속에는 수십개의 TR이 집적되어 있으며 전압과 출력용량에 따라 많은 종류가 있다.

• 3단자 레귤레이터 IC를 사용할경우의 설계조건은 다음과 같다. Vi ≥ (Vo+2)[V], 입력전압은 최대 35V까지이다. 그리고 c1,c2 = 0,33 ~ 0.1㎌를 사용한다.

	1A	100mA	500mA	5V 3A
+ 출력형	78 시리즈	78L 시리즈	78M 시리즈	78H05,79H05 LM12, LM323
- 출력형	79 시리즈	79L 시리즈	79M 시리즈	

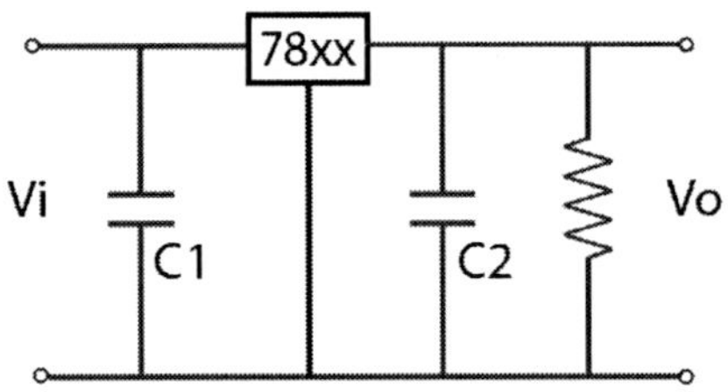

(5) 스위칭 레귤레이터

인버터(Inverter) : 직류를 교류로 변환

컨버터(Converter) : 직류를 직류로 변환(예:6V ⇆ 12V), 주파수컨버터 : 주파수 변경

- 스위칭 방식 레귤레이터를 이용한 정전압 제어 회로의 특징

① 리니어 방식의 간단한 정전압 회로보다 전원구성이 복잡하다.

② 트랜지스터의 ON/OFF스위칭 할 때 포화/차단 특성만을 이용하므로 전력 손실이 거의 없다.

③ 전력 변환 효율을 좋지만 잡음 문제가 있다.

④ Free Voltage 출력 설계가능하다.

- 원리

승압형 DC-DC컨버터의 경우 DC-AC인버터를 거쳐서 AC-AC승압을 한 다음 AC-DC정류회로를 거쳐 필요한 승압된 직류전원을 얻는다. 이때 AC-AC 변환용 변압기의 사용주파수는 60㎐ 보다 매우 높기 때문에 변압기의 무게를 크게 줄일 수 있다.

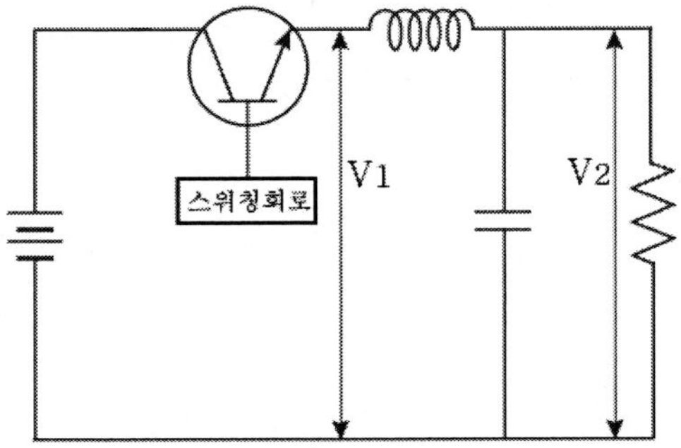
스위칭회로
V1
V2

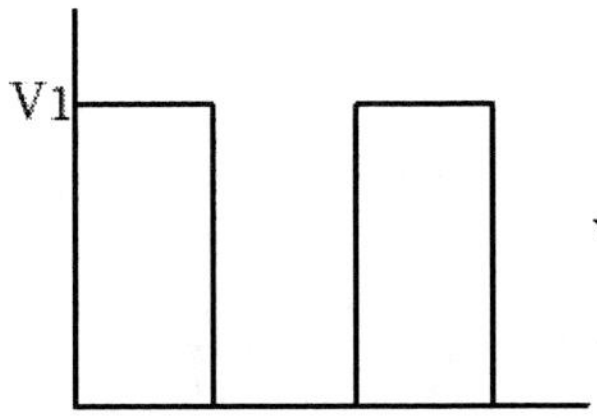
V1

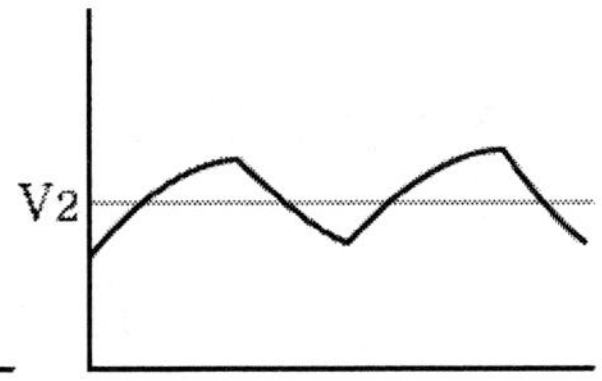
V2

실 습 1

다음의 회로를 구성하고 입력전압을 변화시켜 출력전압을 측정하시오.

1. 브레드보드에 회로와 같게 구성한다.

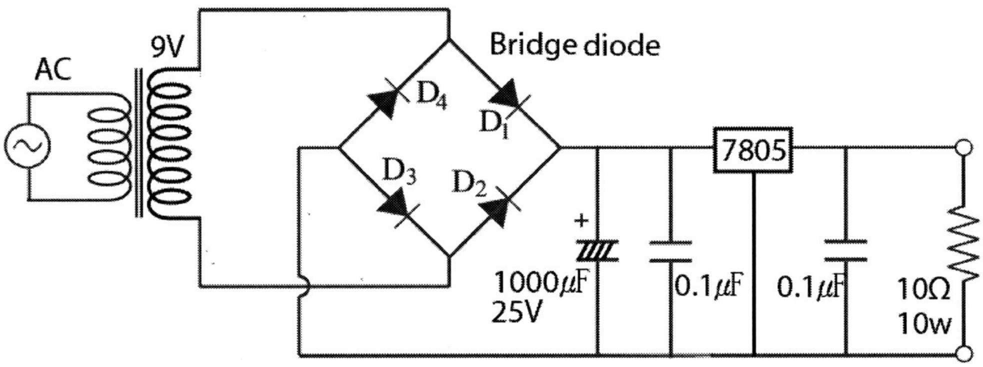

2. 준비물

트랜스포머(220V/ 3V, 6V, 9V, 12V용)
브릿지다이오드 ☞
전해콘덴서 1000μF/25V
7805
마일러콘덴서 0.1μF 2개
시멘트저항 10Ω /10W

3. 측정 및 확인

입력트랜스포머의 탭을 변경하여 입력 교류전압과 7805의 입력단자, 출력단자의 전압을 테스터를 사용하여 측정하시오.

입력 탭	교류전압	7805입력전압	7805출력전압	비 고
3V				
6V				
9V				
12V				

4. 오실로스코프를 사용해서 다음의 측정위치에서 측정한 파형을 그리시오.

측정 위치	파 형
트랜스포머 3V 탭	
1000㎌ +단자	
10Ω +단자	

제8장 오실로스코프 사용법

1 오실로스코프 동작원리

오실로스코프(Oscilloscope)는 전압, 전류의 크기를 파형으로 볼 수 있도록 만들어주는 측정도구로 필수적으로 사용되는 도구이다.

오실로스코프의 구조는 전자총에서 전자가 출발하면, 수평편향판에 인가된 전압에 의해 수평방향으로 전자가 휘게 되고, 수직편향판에 인가된 측정신호의 전압크기에 따라 수직으로 휘게 되어 형광면에 부딪쳐 눈으로 확인할 수 있게 된다. 휘는 양은 인가된 전압의 크기에 비례하게 된다.

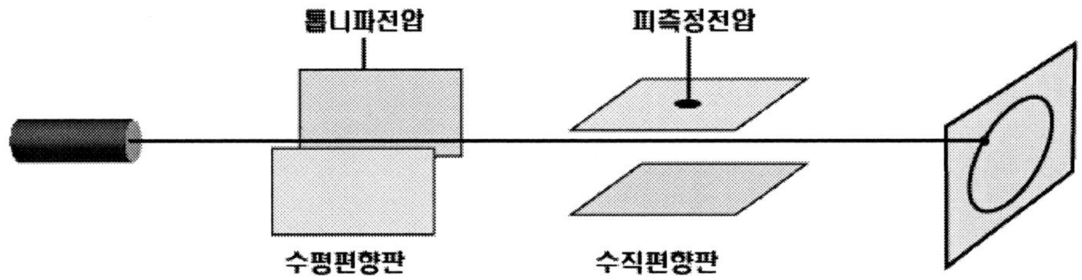

수평편향판에는 톱니파 전압을 인가하여 형광면의 왼쪽에서 오른쪽 끝까지 휘선이 이동하게 되고 다시 왼쪽에서 시작하여 반복하게 된다. 전자가 수평으로 이동하는 동안에 수직편향판에 인가된 측정신호 전압에 비례해서 수직방향으로 이동해서 형광면에 도착하게 된다.

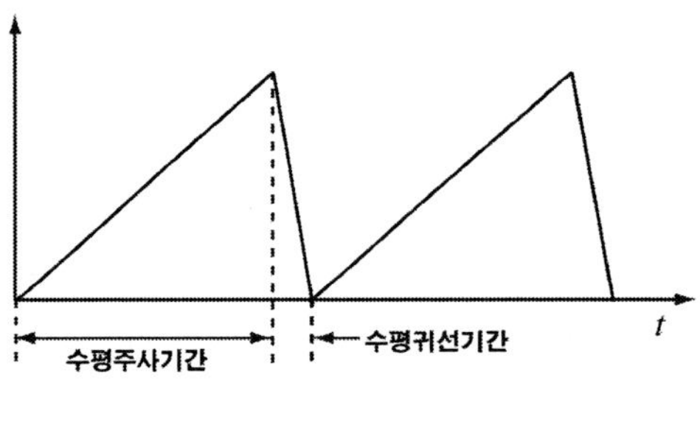

2 오실로스코프 사용방법

오실로스코프의 사용방법은 제조사와 모델별로 조금의 차이가 있을 수 있으나 기본적인 사용방법은 같다.

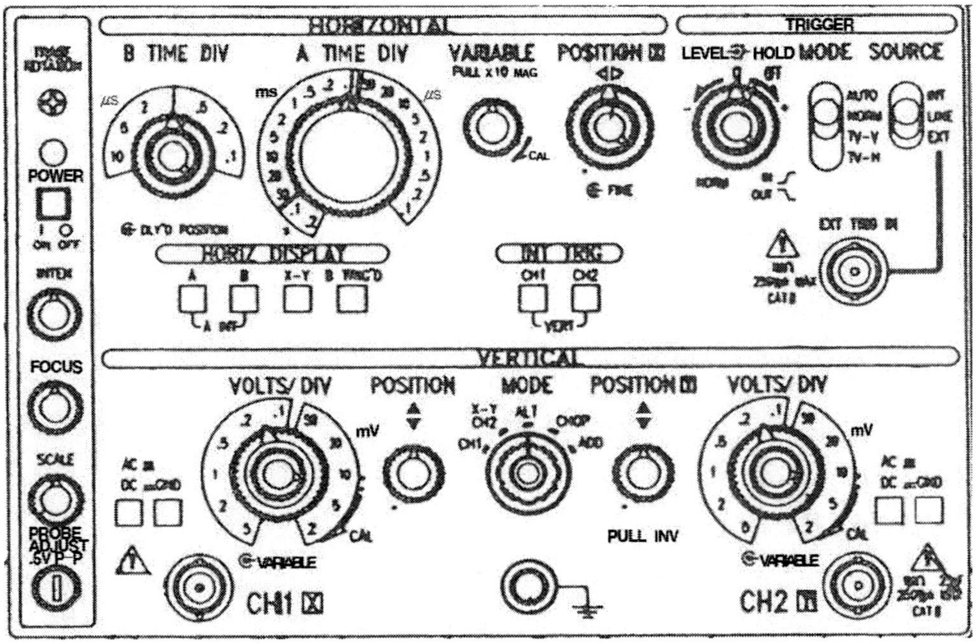

■ **전원부**

1. POWER : 시계 방향으로 돌리면 ON, 반시계 방향으로 돌리면 OFF된다.
2. 표시등 : 전원의 ON, OFF 여부를 표시한다.
3. Intensity(휘도): 브라운관에 나타난 신호의 밝기 조절
4. Focus(초점조정): 신호의 선명도를 조절
5. Trace Rotation(궤적회전): 라스터의 수평조절용으로 화면이 기울었을 때 균형을 맞추는데 사용한다

■ **수직증폭부**

6. CH 1, X IN 콘넥터 : 입력신호를 CH1 증폭부로 연결하거나 X-Y 동작시 X축 신호가 된다.

7. CH 2, Y IN 콘넥터 : 입력신호를 CH2 증폭부로 연결하거나 X-Y 동작시 Y축 신호가 된다.

8. AC/GND/DC 전환스위치 : 입력신호와 수직증폭단의 연결방법을 선택할 때 사용한다.

AC : 신호의 DC성분을 차단해서 AC성분만 나타난다.

GND : 선택된 채널의 신호에 대한 기준 위치(0V)를 나타낸다.

DC : 신호의 AC, DC성분 모두 측정 가능한 상태로 일반적으로 이 상태로 놓고 측정한다. DC에 실려 있는 AC성분의 파형을 측정할 수 있다.

9. VOLTS/DIV : 화면상의 격자 눈금(division)의 값을 조절.

10. VARIABLE : 수직편향 감도 즉 파형의 크기를 연속적으로 증감시킨다. 정확히 측정할 때에는 시계방향으로 끝까지 돌려 잠금 상태로 측정해야 한다.(CAL. 위치)

11. POSITION : 파형의 위치를 위, 아래로 이동시킨다.

12. V.MODE : 수직축의 표시형태 선택

CH1 : CH1에 입력된 신호만 표시

CH2 : CH2에 입력된 신호만 표시

DUAL : CH 1,CH 2 의 파형을 동시에 표시

ADD : CH 1과 CH2의 신호가 더해져서 표시

■ **소인(Sweep)과 동기부**

13. TIME/DIV : 화면상의 시간축 눈금 크기의 변경에 사용된다.

14. VARIALBE : 시간을 연속적으로 변화시키는데 사용한다.

15. PULL X10 MAG : 소인시간을 10배로 확대하여 표시한다. 소인시간은 TIME/DIV 지시치의 1/10이 된다.

16. HORIZONTAL POSITION : 파형의 위치를 수평방향으로 이동

17. TRIGGER MODE : 파형의 동기 형태를 선택한다.

AUTO : 소인을 자동으로 발생한다. 동기신호가 있으면 자동으로 파형 정지한다.

NORM : 동기 신호가 없거나 동기가 안되면 소인이 발생되지 않는다.

TV-V : 프레임 단위의 비디오 합성 신호 측정

TV-H : 주사선 단위의 비디오 합성 신호 측정

18. SOURCE
INT : CH1(CH2)에 신호가 있을 때 트리거
LINE : AC전원의 주파수에 동기되는 신호 측정시 사용
EXT : 외부에서 SOURCE를 통해 별도의 동기 신호를 줄 때 사용

19. INT TRIG : CH1(CH2)에 입력된 신호로서 동기 시키고자 할 때 사용

20. HOLD OFF : 소인시간을 늘려 복잡한 고주파, 디지털신호, 불규칙한 신호를 트리거하는데 유효하다. 보통은 반시계방향으로 완전히 돌려서 사용.

21. TRIG LEVEL : 동기신호의 시작점을 선택

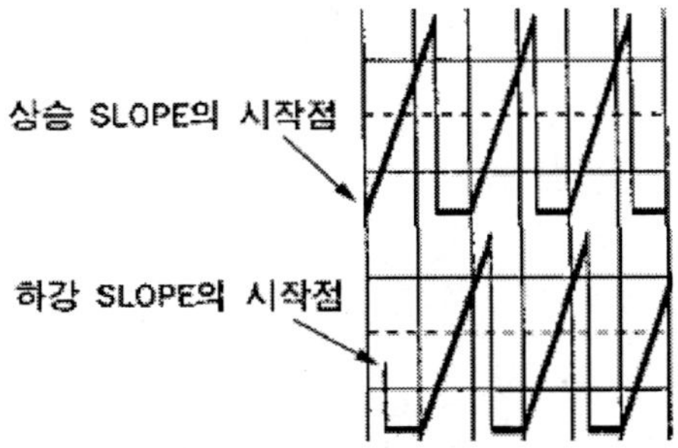

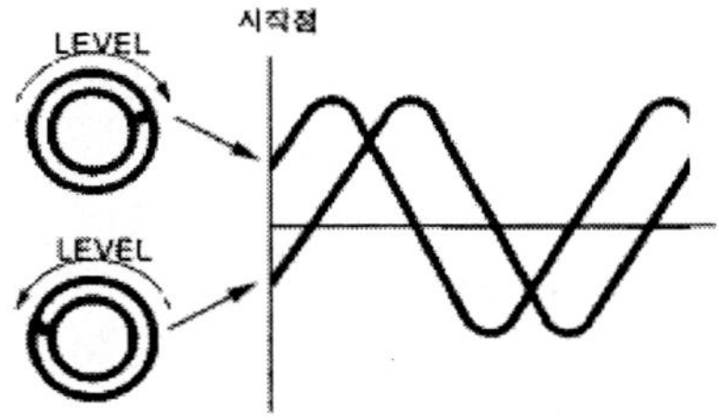

22. SLOPE : 초기 소인의 동기 선택

3 오실로스코프의 초기 설정

1) 다음과 같이 설정

전원부		수평부	
Power	OFF	Time/Div	0.5ms
Intensity	반시계 방향회전	Time Variable	누른상태에서 완전히 시계방향
Focus	중앙	수평 Position	중앙
수직부		Fine Position	중앙
AC-DC,GND	AC	**Trigger부**	
Volts/Div	10mV	Trigger Mode	AUTO

수직 Position	누른상태에서 중앙위치	Trigger Source	INT
Variable	누른상태에서 완전히 시계방향	Hold Off	NORM(최대반시계방향)
V. MODE	CH1	Trigger Level	중앙
		Slope	+ (누른상태)

2) 오실로스코프에 전원을 넣는다.
3) 휘도(INTENSITY)과 초점(FOCUS)를 조정한다.
4) 휘선이 기울어져 있으면 TRACE ROTATION을 드라이버로 조정한다.
5) CH1 Position을 조정하여 왼쪽 눈금과 일치 시킨다.
6) Trigger Level 손잡이를 사용해서 파형을 정지시킨다.
7) 수평소인(Time/Div) 손잡이를 돌려 파형을 관찰할 수 있도록 설정한다.

4 PROBE

프루브에는 1×(직접연결)와 10×(감쇄)가 있으며 10×는 입력신호가 1/10로 감쇄되므로 측정단위(Volts/div)를 10배 곱해줘야 한다.

프루버의 조정

① 프루브를 CH1에 연결하고 입력결합을 DC로 한다. 프루브의 팁을 프루브 Adjust ⓘ에 연결하고 프루브의 감쇄위치는 10×에 둔다. Volts/Div는 10mV에 맞춘다.

② 트리거 레벨을 조정하여 화면을 안정되게 해서 구형파의 파형이 아래와 같을 경우 Trimmer를 작은 드라이버로 조정한다.

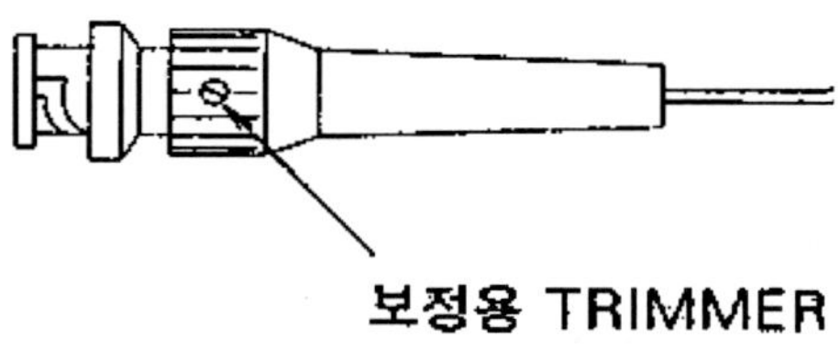

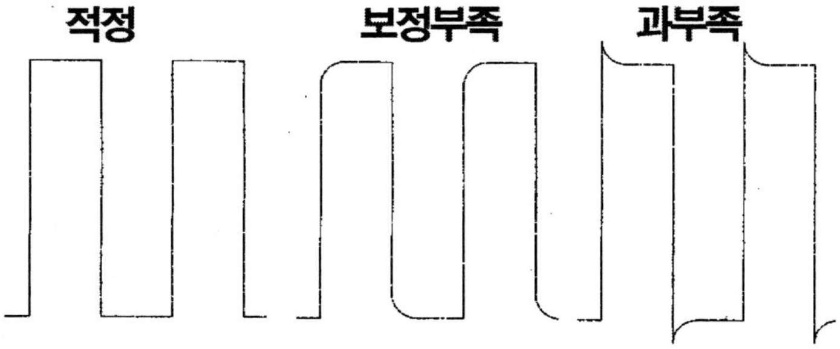

5 측정 실습

오실로스코프를 사용해서 신호를 측정하거나 보기 위해서는 입력되는 신호를 조절해야한다. 다음은 기본적으로 조절해야 하는 내용이다.

① 신호의 증폭이나 감쇠를 조절해야한다.

입력신호가 지나치게 크거나 작으면 Volts/Div 스위치를 돌려 조절해서 측정가능하도록 한다.

② 시간 축을 조절한다.

입력되는 신호의 주파수가 높거나 낮으면 신호를 측정하기가 어렵게 된다. Time/Div 스위치를 사용해서 화면상 수평축의 각 눈금당 시간을 조정하여 측정에 용이하게 2~4개정도의 파형이 나타나도록 한다.

③ 입력신호와 동기를 설정한다.

입력되는 신호가 오실로스코프 화면에서 멈추지 않고 계속 흐르는 경우에 신호를 안정화시키기 위해 트리거 레벨을 조정한다.

http://cont152.edunet4u.net/~lt15007/sub/main.htm : 오실로스코프사용법 익히기

(1) 직류전압 측정하기 실습

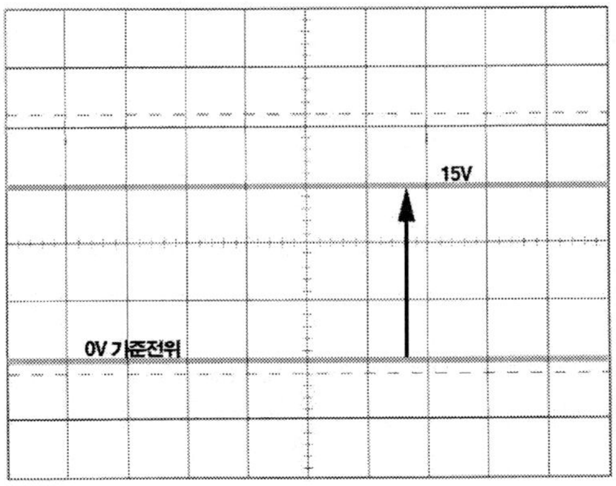

가. 준비물
COMBO TESTER
오실로스코프
건전지
수은전지

나. 오실로스코프를 다음과 같이 설정한다.
① 입력모드: CH1, DC
② 트리거모드: Auto
③ 수직감도: 5 V/Div
④ 수평손잡이: 1 ms/Div
⑤ 기준선: 2칸 높이
⑥ 입력 프루브 배율: × 1

다. 직류전원장치의 출력단자를 프루브에 맞게 연결한다. 집게가 달려있는 것은 0V에 프루브(탐침)는 측정 전압에 연결한다.

라. 수평소인이 기준위치에서 위로 몇칸 올라가 있는 것을 볼 수 있다. 1 수직칸이 5V로 설정했으니 이동한 수직 칸 만큼 계산한다.

2칸 × 5V = 10V가 된다.

마. 만약 수직으로 이동하는 양이 작으면 수직감도 손잡이를 돌려서 수직 이동양이 많아지도록 조절한다.

바. 직류전원장치의 출력 전압을 변화시켜 오실로스코프에서 값을 읽어 기록한다.

DC전압	측정값	DC전압	측정값
1.5V 건전지		DC 전원장치 10V	
DC 전원장치 5V		DC 전원장치 15V	

(2) 교류전압 측정 실습

교류전압 측정시는 항상 감전사고가 발생치 않도록 주의 한다.

가. 준비물
COMBO TESTER
오실로스코프
트랜스포머
브레드보드
다이오드 1N4001
저항 10k

나. 실습회로

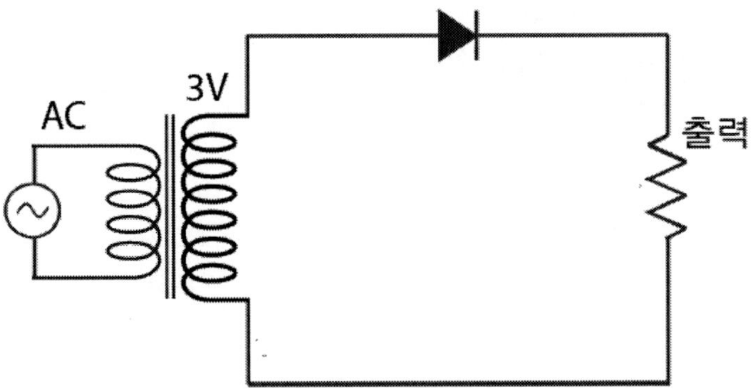

다. 실제 연결회로

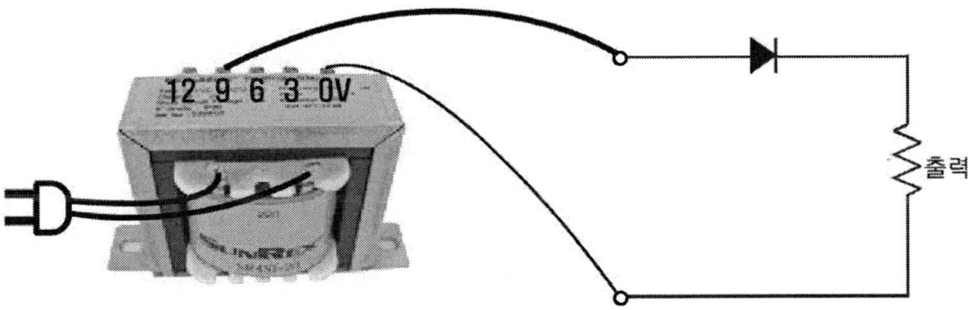

라. 오실로스코프를 다음과 같이 설정한다.

① 입력모드: CH1, AC

② 수직감도: 1V/Div

③ 기준선: 중앙

④ 수평손잡이: 0.5ms/Div

⑤ 입력 프루브 배율: ×1

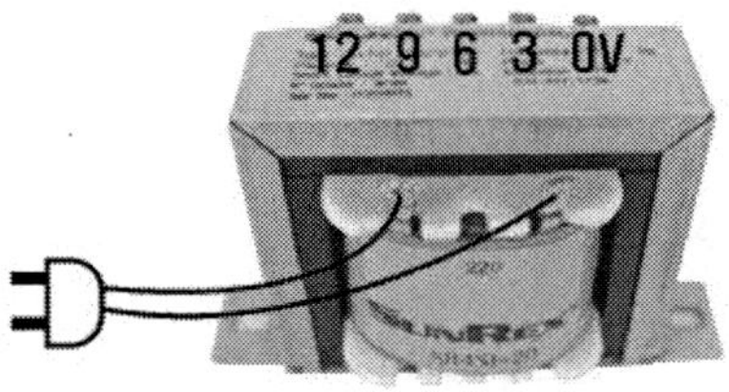

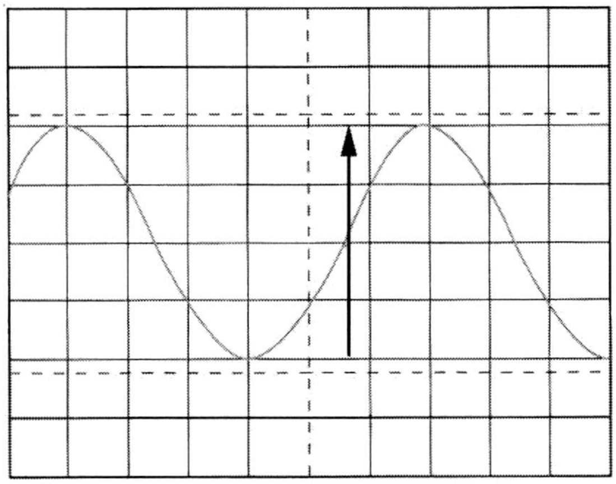

마. 트랜스포머를 220V 전원에 연결한다. 220V는 고압으로 감전사고 주의한다.

바. 트랜스포머의 2차측 출력단자들을 오실로스코프 프루브에 연결한다.

사. 스코프 화면에 반복되는 파형이 2~3개 정도 나오도록 수평 소인시간 손잡이를 조정한다.

아. 파형이 정지하도록 트리거 레벨을 조절한다. 값을 측정하여 기록한다.

트랜스포머 표시전압	Vpp	실효값 계산	트랜스포머 표시전압	Vpp	실효값 계산
3V			6V		

• 교류의 피크(Peak) 전압과 실효전압은 다음과 같다.

VPeak-to-Peak = 두점간의 최대 수직 이동 거리 × 수직감도 × 프루브 감쇠비

Vrms = Vpp / $\sqrt{2}$

자. 저항 양단의 출력을 스코프로 측정하기 위해 프루브를 저항 양단에 맞게 연결한다.

차. 트랜스포머 2차측의 3V 교류전압 **입력 파형**과 다이오드를 통해 **반파정류된 파형**을 오실로스코프에서 측정하고 파형을 정확하게 겹치도록 그리시오.

카. 측정된 반파 정류된 값을 기록하시오.

트랜스포머 표시전압	출력파형 최대값	출력파형 최소값	트랜스포머 표시전압	출력파형 최대값	출력파형 최소값
3V			6V		

(3) 주기 및 주파수 측정하기 실습

1) 사인파 교류신호 측정

앞에서 측정한 트랜스포머의 2차측 3V를 측정했을 때의 주파수와 주기를 기록하시오.

- 주기 측정은 반복되는 파형의 수평거리를 계산한다.

주기(T) = 4 DIV × 1ms/DIV = 4 ms

주파수(F) = 1/T = 1/4ms = 0.25KHz 이다.

측정대상	주기(T) 계산식	주기(T)	주파수
교류 3V			

2) 구형파의 주기와 주파수 측정

가. 준비물
COMBO TESTER
오실로스코프

나. 오실로스코프를 다음과 같이 설정한다.
① 입력모드: CH1, DC
② 트리거모드: Auto
③ 수직감도: 1V/Div
④ 수평손잡이: 1ms/Div
⑤ 기준선: 2칸 높이
⑥ 입력 프루브 배율: ×1

다. Function generator에서 구형파를 선택해서 250Hz에 맞춘다.
라. Function generator의 출력과 스코프의 프루브를 연결한다.
마. 주기를 측정하기 위해서 스코프 화면에 반복되는 파형이 2~3개 정도 나오도록 수평 소인시간 손잡이를 조정한다.
바. 파형이 정지하도록 트리거 레벨을 조절한다.
사. 주기와 주파수를 다음과 같이 계산한다.

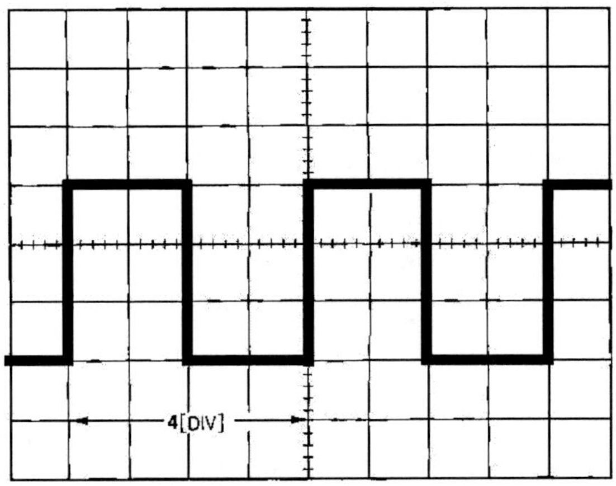

측정대상	주기(T) 계산식	주기(T)	주파수
펑션제네레이터 사인파 1KHz			
펑션제네레이터 삼각파 100KHz			
펑션제네레이터 구형파 1MHz			

(4) 위상차 측정하기 실습

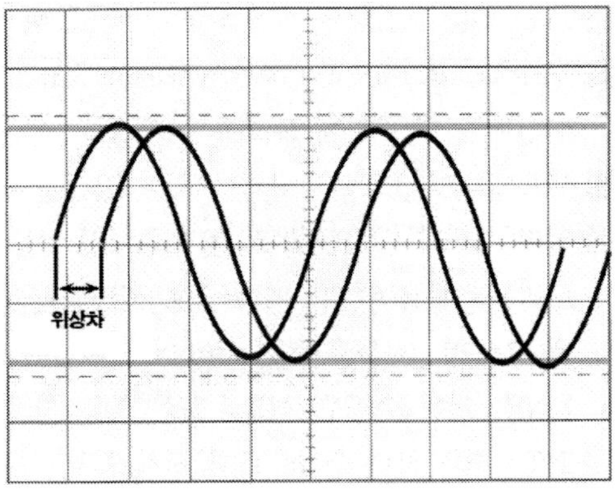

가. 준비물
COMBO TESTER
오실로스코프
트랜스포머
브레드보드
마일러콘덴서 1㎌, 2㎌
저항 3㏀, 9㏀

나. 오실로스코프를 다음과 같이 설정한다.
① 입력모드: X-Y, AC
② 수직모드: ALT 혹은 CHOP
③ 수직감도: 1V/Div
④ 수평손잡이: 1ms/Div
⑤ 입력 프루브 배율: X1

다. 트랜스포머와 브레드보드에 다음의 회로를 구성한다.

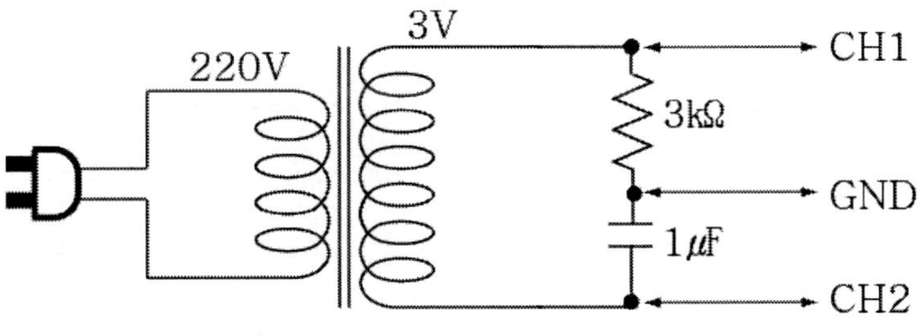

라. 스코프의 프루브를 각각 CH1, CH2, GND 지점에 연결한다.

마. 주기를 측정하기 위해서 스코프 화면에 반복되는 파형이 2~3개 정도 나오도록 수평 소인시간 손잡이를 조정한다.

바. 파형이 정지하도록 트리거 레벨을 조절한다.

사. 두 파형의 시작점 사이의 수평거리가 바로 위상차가 된다.
예를 들면, 그림에서 보이는 위상차는 4칸이다. 1주기에 21칸이 사용되었다면
1칸은 360도 / 21 = 17.14도이다.
따라서 17.14도 × 4칸 = 68.57도가 된다. 위상차는 68도 정도 되는 것이다.

아. 두 지점의 파형을 다음에 그리시오.

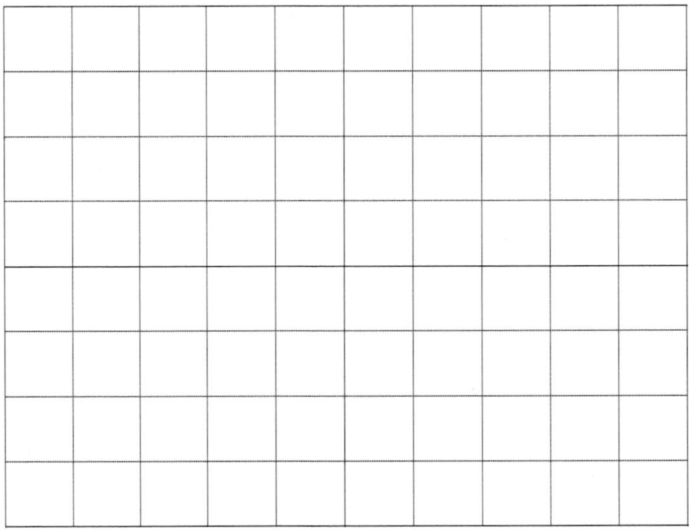

자. 계산한 값을 기록하시오.

R 저항	C 용량	수평거리	위상차	비고
3kΩ	1μF	ms		
9kΩ	2μF			

제9장 교류이론

1 사인파교류 발생원리

교류(AC: Alternating Current)란 시간에 따라 전압, 전류의 크기와 방향이 변화하는 신호를 의미하는데, 변화 형태가 사인 곡선을 나타내는 신호를 특히 사인파 교류라고 한다.

교류 발전기의 원리 : 자기장내에 도선을 회전시키면 도선에는 전자유도 작용에 의하여 플레밍의 오른손 법칙에 따르는 방향으로 기전력이 발생된다.

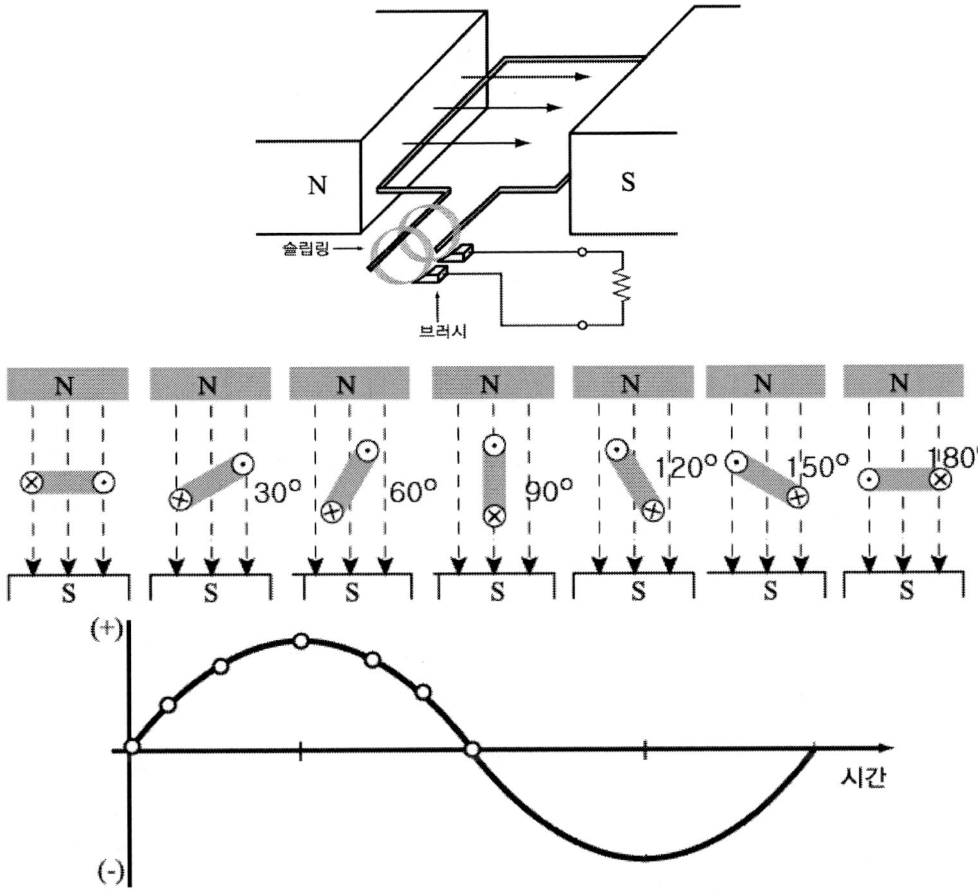

(1) 주기와 주파수

• 주기 (period) : 반복되는 신호에서 **변화의 시작점부터 다음 변화가 시작되기 전까지를 1 사이클** (cycle), 1 사이클에 필요한 시간을 **주기**라 한다. 주기는 T로 표시, 단위는 [s]로 표현한다.

• 주파수 (frequency) : **1초동안 반복되는 사이클의 수**, 기호표시는 f, 단위는 [Hz : 헤르츠]를 사용,

$$f = \frac{1}{T}[\text{Hz}] \qquad T = \frac{1}{f}[\text{s}]$$

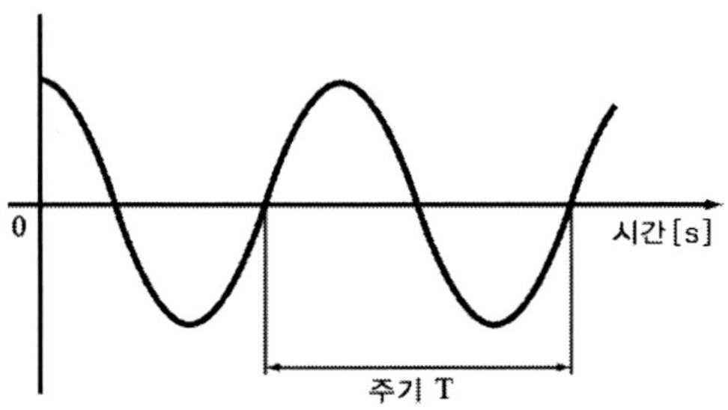

• 220[V] 60[Hz] 가정용 교류전원은 1초에 사인파 교류가 60회 반복되어 나타나고, 주기는 약 1/60=16.7[ms]가 된다.

(2) 교류의 크기

직류와는 달리 사인파교류는 시간에 따라 크기가 계속 변하고 있어 교류의 크기를 표시하는 세 가지 방법이 있다.

1) 순시값과 최대값 (Vm, Im)

특정한 시각에서의 교류 전압과 교류 전류의 크기를 **순시값**이라 한다. 순시값 중에서 가장 큰 값을 **최대값**(maximum value) 또는 진폭이라고 한다.

2) 평균값 (Va, Ia)

교류의 한주기 평균은 0이다. 교류신호 한 **주기 동안의 면적을 주기로 나누어 평균한 값을 평균값** (average value)이라고 한다. 최대값의 63.7% 크기이고 많이 사용되지는

않으나 교류 전력을 나타낼 때에는 평균 전력으로 표시하고 있다.

$$V_a = \frac{2}{\pi} \times V_m = 0.637 V_m$$

3) 실효값 (Ve, Ie)

실효값(Effective Value)은 직류전압이 공급되어 소비되는 소비전력과 동일한 소비전력을 낼 수 있는 교류전압의 크기를 나타낸 값이다.

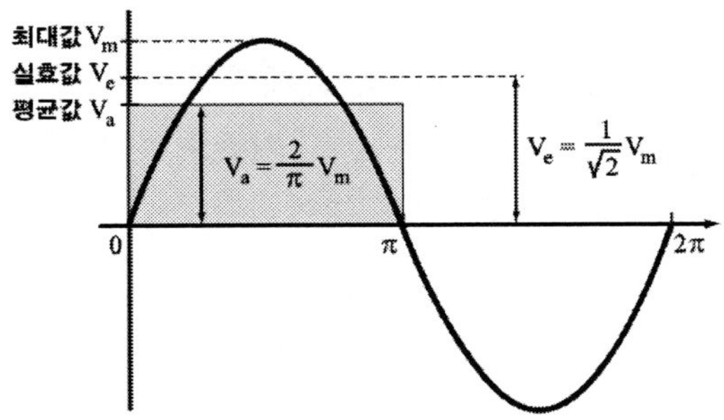

$$V_e = \frac{1}{\sqrt{2}} \times V_m = 0.707 V_m$$

• 일반적으로 사용되는 교류 전압과 전류는 실효값을 의미한다. 가정용 220[V] 교류 전원의 의미는 실효값이 220[V]라는 것이므로 최대값은 311[V]가 된다.

$$220 \times \sqrt{2} \fallingdotseq 311.08[\mathrm{V}]$$

[예제] 다음의 교류 회로에 교류의 최대 전압이 V_o , 최대 전류가 I_o 일 때 실효 전력은 ?

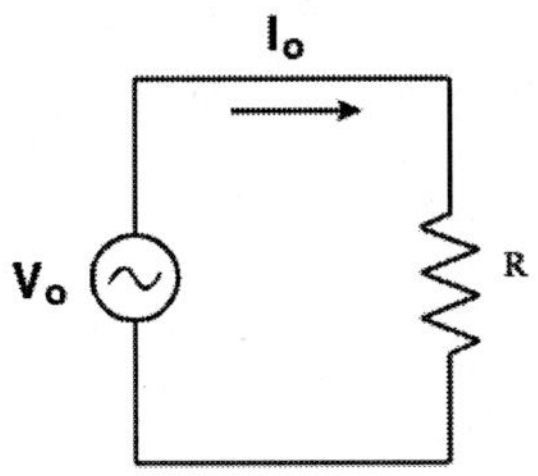

풀이 : $P_e = \frac{V_o}{\sqrt{2}} \times \frac{I_o}{\sqrt{2}} = \frac{V_o I_o}{2} = \frac{1}{2} P_o$

전력의 실효값은 최대 전력의 1/2 이다.

2 소자들의 특성

교류 회로는 시간에 따라 전압과 전류의 크기가 변하기 때문에 회로에서 직류와 다르게 해석을 해야 한다.

(1) 저항

저항에 흐르는 교류전류와 교류 전압과 교류 전력은 옴의 법칙에 따라 다음과 같다. 전류와 전압의 위상차는 없다.

$$I = \frac{V}{R}$$

(2) 인덕터(코일)

코일에 전류가 흐르기 시작하면 자기유도 작용에 의하여 코일의 인덕턴스와 전류의 변화 속도에 비례하는 역기전력이 발생되어, 전류의 흐름이 방해받아 전류의 위상이 전압의 위상보다 90° 늦어진다.

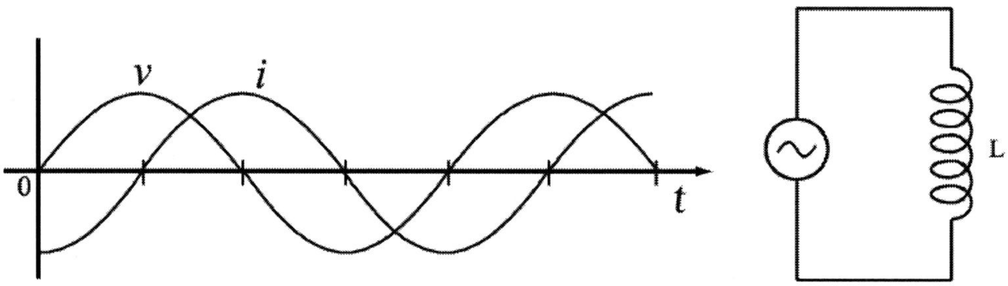

- 유도리액턴스 : 인덕터에 교류전류를 인가하면 **전류의 변화를 방해하는 저항과 같은 작용을 유도리액턴스**, XL로 표현한다. 단위는 저항과 동일한 [Ω]을 사용한다. 주파수가 증가할수록 전류 크기의 변화와 변화시간이 짧아져 역기전력이 증가해서 유도리액턴스는 커지므로 전류가 흐르기 어렵게 된다.

$$X_L = \frac{V_e}{I_e} = \omega L = 2\pi f L[\Omega]$$

- **저항**은 전자가 분자들과 부딪쳐 열로 에너지를 발산하는 것으로 전류흐름 자체에 의한 것이다. **리액턴스**는 소자들이 자신의 전기적 상태를 유지하려는 성질 즉, **유도리액턴스**의 경우 인덕터(코일)는 전류흐름이 일정하려는 성질 때문에 교류가 흐를 경우 전류의 변화를 방해하는 저항성분이 만들어지고, **용량리액턴스**인 커패시터는 전압을 일정하게 하려는 성질로 인해 교류 전압이 변하는 것을 방해하여 저항성분이 만들어진다.

[예제] 자기 인덕턴스가 12[mH]인 어떤 코일에 60[Hz], 220[V]의 교류 전원을 가하면 흐르는 전류의 크기는 얼마인가?

풀이 : $X_L = 2\pi fL = 2\times3.14\times60\times12\times10^{-3} = 4.52[\Omega]$

$$I = \frac{V_e}{X_L} = \frac{220}{4.52} \fallingdotseq 48.6[\mathrm{A}]$$

(3) 커패시터

교류전압이 커패시터에 가해지는 순간 충전 전류는 최대로 흐르게 되고 점차적으로 충전전류는 줄어들면서 완전충전이 되며, 전압이 높아져도 더 이상 전류는 흐르지 않게 된다. 따라서 전류의 위상이 전압의 위상보다 90° 앞서게 된다.

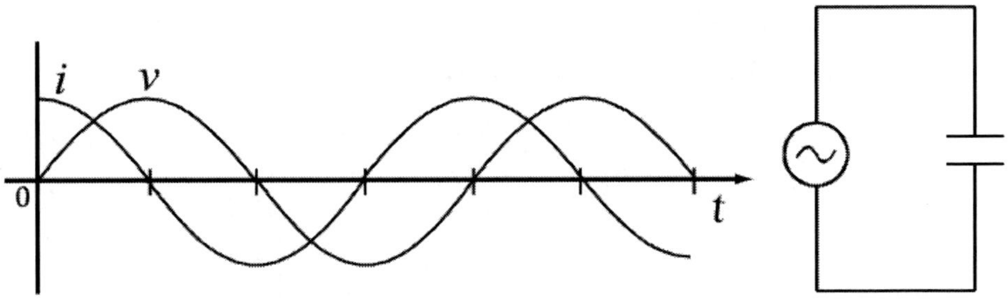

• 높은 교류 주파수의 경우 커패시터에 충전이 완료되기 전에 전압의 극성이 바뀌게 되어 역방향 전류가 흐르고 역방향으로 충전이 완료되기 전에 전압의 극성이 또 바뀌므로 결국 전류의 흐름이 쉬워지게 된다.

• 용량리액턴스 : 교류전압의 변화에 따라 **커패시터의 전하의 이동이 전압의 변화를 방해하는 저항과 같은 작용으로** XC로 표현한다. 단위는 저항과 동일한 [Ω]을 사용한다. 주파수가 증가할수록 전류가 흐르기가 쉬워 용량리액턴스는 작아진다.

$$X_C = \frac{V_e}{I_e} = \frac{1}{\omega C} = \frac{1}{2\pi fC}\ [\Omega]$$

[예제] 커패시터 200㎌에 220[V], 60[Hz]의 교류전압을 인가할 경우 용량리액턴스와 흐르는 전류를 구하시오

풀이 : $X_C = \frac{1}{2\pi f C} = \frac{1}{2\times3.14\times60\times200\times10^{-6}} = 13.26[\Omega]$

$$I = \frac{V_e}{X_C} = \frac{220}{13.26} \fallingdotseq 16.59[\mathrm{A}]$$

3 임피던스

교류가 인가되었을 때 회로의 저항과 리액턴스들의 등가적인 저항성분을 임피던스라고 한다.

1) RL회로의 임피던스

저항성분과 유도리액턴스 둘 다 전류의 흐름을 방해하는 성분이다. 각각의 위상이 틀려서 전체 저항성분도 주파수에 따라 달라지기 때문에 대수합이 아닌 벡터합으로 구해야한다. V_R은 위상이 같고, V_L은 전류보다 위상이 90°앞선다.

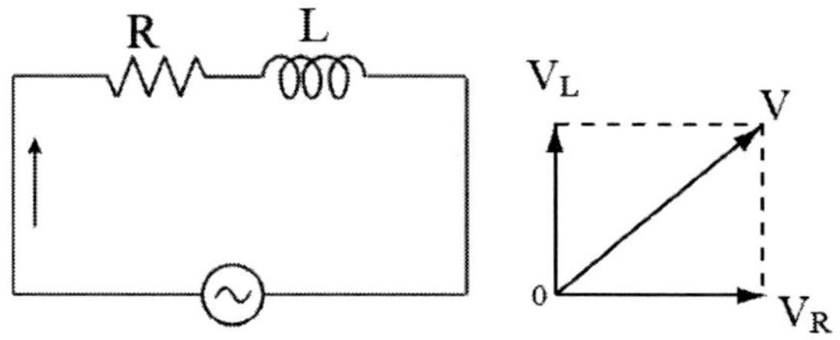

임피던스 $Z = \sqrt{R^2 + X_L^2}\,[\Omega]$ $\qquad I = \frac{V}{Z} = \frac{V}{\sqrt{R^2 + X_L^2}}[A]$

위상차 $\theta = \tan^{-1}\frac{V_L}{V_R} = \tan^{-1}\frac{X_L}{R}\,[^o]$

[예제] RL직렬 회로에서 R = 3[Ω], XL = 4[Ω], 전압 220[V]인 경우 임피던스, 전류, 위상차를 구하라.

풀이 : $Z = \sqrt{3^2 + 4^2}\,[\Omega] = 5[\Omega]$ $\qquad I = \frac{220}{5} = 44[A]$

$\theta = \tan^{-1}\frac{4}{3} = 53.1[^o]$

2) RLC회로의 임피던스

저항성분과 유도리액턴스, 용량리액턴스가 직렬로 연결된 경우의 임피던스를 생각해 보자.

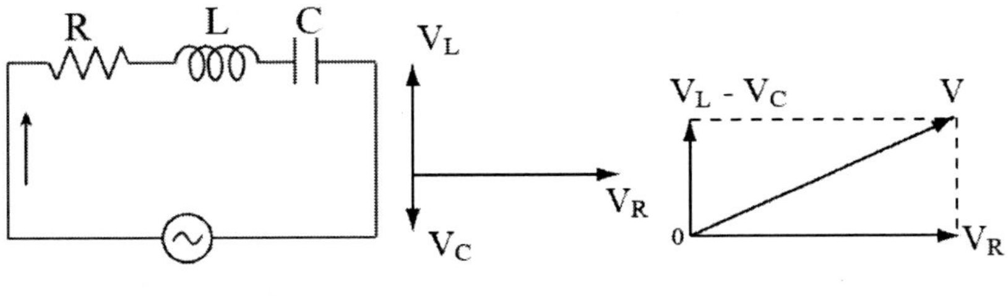

임피던스 $Z = \sqrt{R^2 + (X_L - X_C)^2}$ [Ω]

위상차 $\theta = \tan^{-1}\dfrac{V_L - V_C}{V_R} = \tan^{-1}\dfrac{X_L - X_C}{R}$ [°]

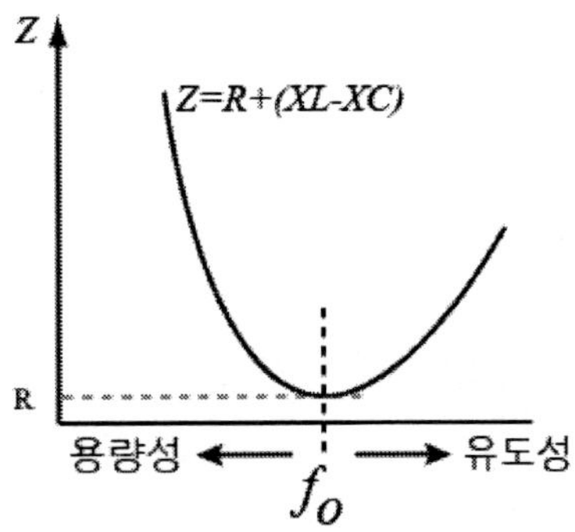

- 임피던스 계산에서 XL과 XC의 크기가 같게 되면 임피던스가 최소가 되어, 저항만 있는 회로처럼 되어 전류가 최대로 흐르게 된다.

- 코일의 인덕턴스나 콘덴서의 정전용량을 변화시켜 유도 리액턴스와 용량 리액턴스를 동일하게 만드는 것을 동조(tuning)라고 하며 이때 발생되는 현상을 공진 (resonance) 이라고 한다. 여기서 공진 주파수는 다음식과 같이 계산된다.

$\omega_L = \dfrac{1}{\omega_C}$ $\quad 2\pi fL = \dfrac{1}{2\pi fC}$ $\quad f_o = \dfrac{1}{2\pi}\dfrac{1}{\sqrt{LC}}$

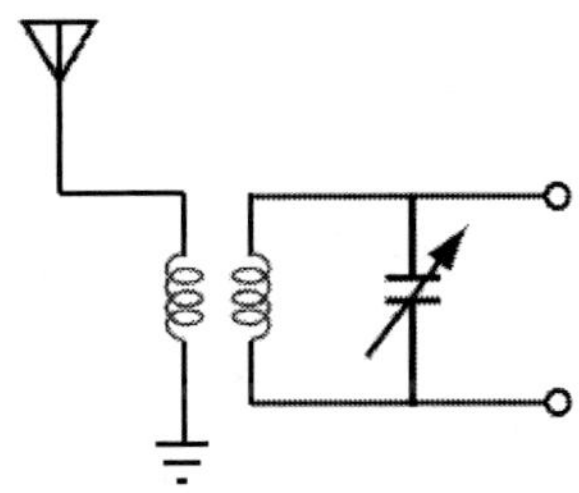

- RLC병렬회로에서는 공진할 때 임피던스가 최대가 된다. 라디오 수신기 등의 전파 수신부분에 수신전파의 주파수에 공진시키기 위해 바리콘 같은 가변용량 부품을 사용해서 특정주파수에 동조하면, 임피던스가 커지기 때문에 안테나로부터의 미약한 신호전류에서 비교적 큰 전압을 얻을 수 있다. 다른 주파수의 전파에 대해서는 임피던스가 작기 때문에 거의 전압이 생기지 않는다.

4 교류 전력

교류회로에서 전류가 흐르면 전동기를 회전하거나 열을 내는 것처럼 일을 한다. 시간에 따라 전압과 전류의 크기가 변하기 때문에 전압전류의 곱인 순시전력도 변한다. 1주기의 평균전력을 전력, 평균전력, 유효전력이라고 한다.

1) 리액턴스 부하 전력

코일에서 전류가 전압보다 위상이 90° 늦다. 전력은 전압과 전류의 곱으로 나타나며 전력P가 +인 반주기 동안 전원의 에너지가 코일로 이동했다가 전력P가 —인 반주기 동안 코일에 저장되었던 에너지가 전원으로 되돌아간다.

코일 부하에서는 에너지의 충방전만 있고 전력소비는 없다. 전력의 +주기와 — 주기동안의 전력 평균값은 0이다.

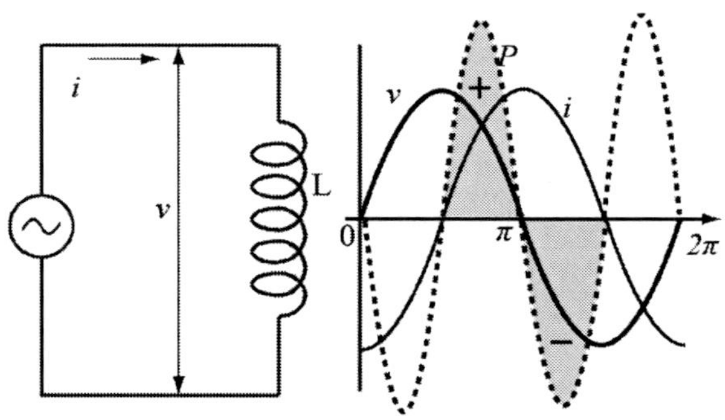

커패시터의 경우도 동일하며 충전과 방전을 하면서 자체의 전력소비는 없다.

2) 임피던스 부하전력

교류 전원에 코일과 저항이 직렬로 연결된 회로에서, 코일에 의한 유도 리액턴스가 존재하기 때문에 교류의 전력은 다음의 식으로 나타낼 수 있다.

$$p = v \cdot i = \sqrt{2}\, V_e \sin \omega t \times \sqrt{2}\, I_e \sin(\omega t - \theta)$$

$$= 2 V_e I_e \sin\omega t \cdot \sin(\omega t - \theta) \qquad = V_e I_e \cos\theta - V_e I_e \cos(2\omega t - \theta)$$

$$= VI\cos\theta\,[W]$$

교류회로에서의 소비전력을 나타내는 일반식이 된다.

3) 전력

직류회로에서는 전압과 전류의 곱이 전력이지만 교류회로에서는 위상차가 존재하기 때문에 전류와 전압의 실효치 곱이 반드시 전력으로 되지는 않는다. 교류회로에서는 전압과 전류와의 곱을 피상전력이라 하고, 이에 역률을 곱해야 비로소 전력이 된다.

• 피상 전력 (S) : 교류 회로에서 인가된 전압과 전류의 실효값을 단순한 곱으로 계산한 전력. $S = V_e I_e$

• 유효 전력 (P) : 피상전력에서 부하에 직접 유효한 전력으로 전원에서 부하에 전달되는 전기에너지이다. 유효전력을 줄여서 전력으로 사용한다. $P = V_e I_e \cos\Theta$

• 무효 전력 (Q) : 피상전력에서 부하에 직접 소모되지 않고 전원으로부터 반주기마다 에너지를 주고받아 실제적인 전력소비는 없는 전력. $Q = V_e I_e \sin\theta$

• 교류전력을 측정하는 전력계는 교류전압, 전류, 전력, 무효전력, 유효전력, 피상전력, 역률, 고조파 등 전력에 관련된 모든 자료를 측정하는 기능을 가지고 있다. 보통 가정에서 사용하는 단상교류용 전력계가 있고, 다음의 예는 3상 4선 교류전력 측정의 예를 보이고 있다.

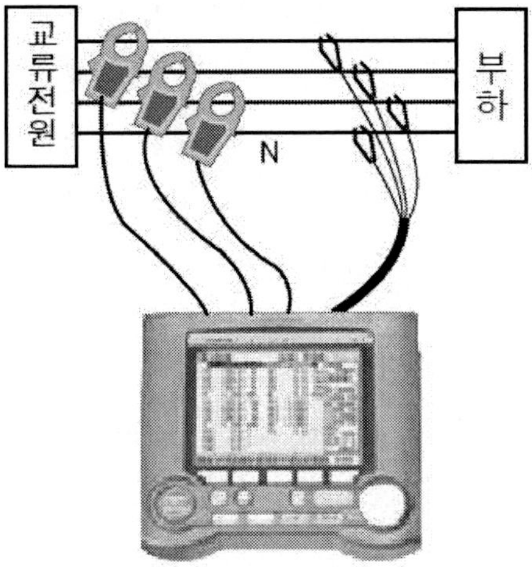

(4) 역률

전열기 같은 저항성분만 있는 것은 전기에너지가 열에너지로 바뀔 때 위상의 지연이 없어 ϕ=0, cos ϕ = 1, 역률 1이 되어 전력은 최대가 된다. cosϕ가 역률이고 보통 퍼센트로 표시된다. 즉, 역률은 최고값이 1이고 최저는 0이다.

그러나 변압기, 전동기와 같은 코일성분이나 커패시터 성분이 있는 부하의 경우 위상의 지연이 발생되어 역률이 저하된다.

역률 $\cos\theta = \dfrac{\text{유효전력}}{\text{피상전력}} \left(= \dfrac{VI\cos\theta}{VI}\right)$

- 역률의 개선

일반적으로 사용되는 부하는 저항성 혹은 유도성부하이다. 전동기와 같은 유도성부하는 전류의 위상이 지연되어 역률이 나빠져 이것을 개선하기 위해 콘덴서를 병렬로 붙여 위상을 전압과 같도록 개선하는 것이다.

[예제] 전압이 220[V], 전류가 5[A]인 교류 발전기의 출력이 900[W]라면 이 발전기의 역률은 얼마인가?

풀이 : $P = V_e I_e \cos\Theta$ 에서

$$\cos\theta = \frac{P}{V_e I_e} = \frac{900}{220 \times 5} = 0.818$$

- 역률에 의한 교류전력 계산

교류전력 = 전압 × 전류 × 역률

교류전류 = 교류전력 / 전압 × 역률

전기기구	역률 %
	60~70
	100
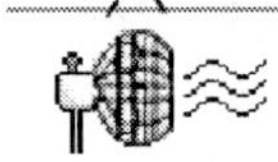	60~70

제10장 트랜지스터

1 트랜지스터

트랜지스터는 PN접합에 한 개의 N형반도체 혹은 P형반도체를 접합해서 3개층으로 구성되어 있다. 다이오드와는 달리 증폭작용과 스위칭 작용 등의 기능을 가진다.

(1) 트랜지스터의 구조

PNP형과 NPN형이 있으며, 기호에서 두 형태의 트랜지스터 모두 중앙에 위치한 반도체를 베이스 (B : Base), 양쪽의 반도체를 각각 에미터 (E : Emitter), 컬렉터 (C : Collector) 단자가 위치한다. 트랜지스터에서 에미터는 전자를 주입되는 곳, 콜렉터는 전자를 모으는 곳 즉 출구가 된다. 베이스는 신호가 들어오는 곳으로 생각하면 된다.

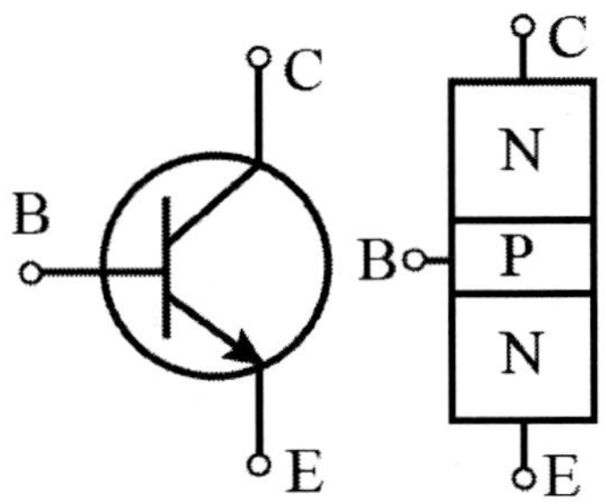

PNP형

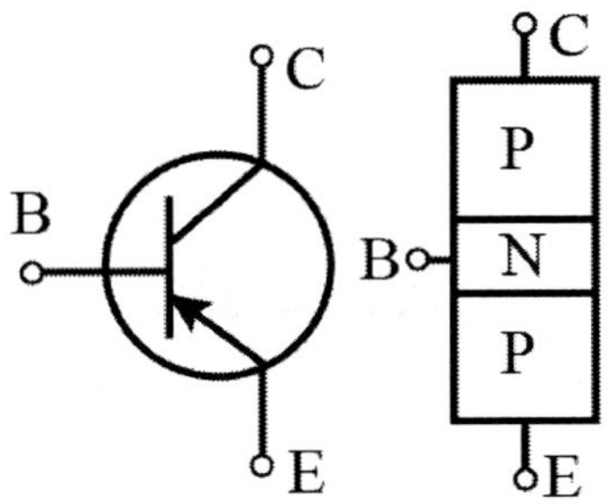

NPN형

(2) 트랜지스터의 표기 및 형식

트랜지스터의 표기방법에는 미국식과 일본식이 있다.

표기방식	구분	용도	비 고
미국식	2N656A	소신호증폭	N: 접합수 1N:다이오드
일본식	2SA1015	pnp 고주파용	S: semiconductor
	2SB786	pnp 저주파용	2SK : FET
	2SC1815	npn 고주파용	
	2SD688	npn 저주파용	

(3) 트랜지스터의 핀 배열

트랜지스터의 리드의 배치는 종류마다 모두 다르기 때문에 해당 트랜지스터의 데이터를 찾아 보아야한다.(www.alldatasheet.com) 일반적으로 많이 사용되는 2SC1815, 2SD880의 경우는 아래와 같이 표시를 했다.

(4) 트랜지스터의 동작 원리

트랜지스터를 동작시키기 위해서는 에미터와 베이스 사이는 다이오드의 순방향바이어스와 같이 접합면에 만들어진 공핍층을 넘을 수 있는 순방향의 바이어스 전압을 (0.6V)인가한다. 그러면 에미터에서 출발한 전자들이 베이스에 도달하게 된다.

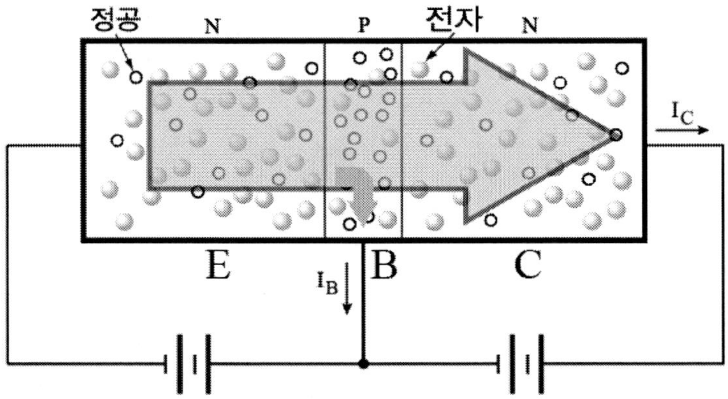

• 베이스에 도달한 전자들의 극히 일부분은 정공을 만나 소멸되지만 극소수에 불과하고 베이스에 연결된 +전원에 이끌려 일부가 빠져나가는데 극히 적은 양에 해당하는 1% 정도이다. 이 전류를 베이스 전류(I_B)라고 한다. 에미터와 베이스 순방향바이어스에 이끌려 가는 전자들은 가속을 받으면서 매우 얇은 베이스 층을 통과하게 된다.

• 통과하게 되는 이유는 콜렉터와 베이스 사이에는 강한 역방향 바이어스가 걸려

있어 가속을 받는다. 베이스전압보다 콜렉터 전압이 훨씬 높게 설정되어 있어 베이스에 도달한 전자들이 콜렉터의 +전압에 이끌려 콜렉터로 가게 된다. 콜렉터에 흐르는 전류를 콜렉터전류(I_C)라고 한다.

- 전자의 이동 속도는 정공보다 약 4배 이상 빠르므로 NPN형 트랜지스터는 PNP형 트랜지스터에 비해 응답속도가 빠르고 소비전력이 작다는 장점이 있어 NPN형 트랜지스터가 일반적으로 많이 사용된다.

(5) 트랜지스터의 입출력 특성과 동작영역

다음의 회로는 에미터 공통접지회로이다. 베이스와 에미터사이에 순방향바이어스 V_{BE}를 그리고 콜렉터와 에미터에 역방향바이어스 V_{CE}를 가하면 트랜지스터는 동작을 하게된다. V_{BE} 전압을 변경하면(신호의 크기 변화) 베이스에 흐르는 전류의 양이 변화하고 베이스전류의 변화로 인해 콜렉터의 전류 역시 변화된다. 이것은 베이스 입력신호의 크기가 콜렉터에서 증폭되어 나타나게 되는 것이다.

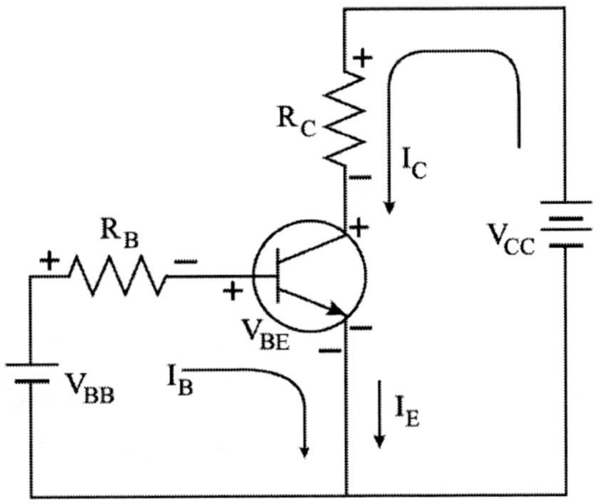

- 베이스의 입력회로에서 베이스의 순방향전압 V_{BE}와 베이스 전류 I_B 사이의 특성을 살펴보면 0.7V이상이 되면 베이스 전류가 급격하게 흐른다는 것을 알 수 있다. 이것은 다이오드 순방향 특성과 같다.

- 순방향전압 V_{BE}와 콜렉터와 에미터에 역방향바이어스 V_{CE}를 변화시키면서 콜렉터 전류와 콜렉터와 에미터 사이 전압 V_{CE}를 측정해서 그려보면 다음과 같이 곡선을 얻게 되는데 이것을 **콜렉터 특성곡선**이라고 한다.

- 특성곡선을 이해하기위해서 베이스전류 20㎂ 곡선을 보자. 먼저 베이스와 에미터 순방향 바이어스를 제공하기 위한 전원전압과 베이스 저항 R_B는 결정이 된 상태이다. 예를 들어 V_{BB}가 6V이면 V_{BE}는 0.7V 따라서 R_B 양단에는 5.3V가 걸린다. 20㎂가 흐르도록 저항 R_B 값을 265㏀으로 고정한다. 그러면 20㎂가 베이스로 흘러들어간다.

- 이제 V_{CE} 전압을 변경해서 콜렉터전류 I_C가 어떻게 변하는가를 확인한다. V_{CE} 전

압이 0V이면 I_C는 0일 것이다. V_{CE} 전압이 1V에 훨씬 못 미치게 조금 증가했는데 I_C는 급격하게 2mA정도 흐르게 된다. 그러니까 TR이 스위치의 ON 상태와 같은 동작을 하는 부분이다. 이 영역을 **포화영역**이라고 한다.

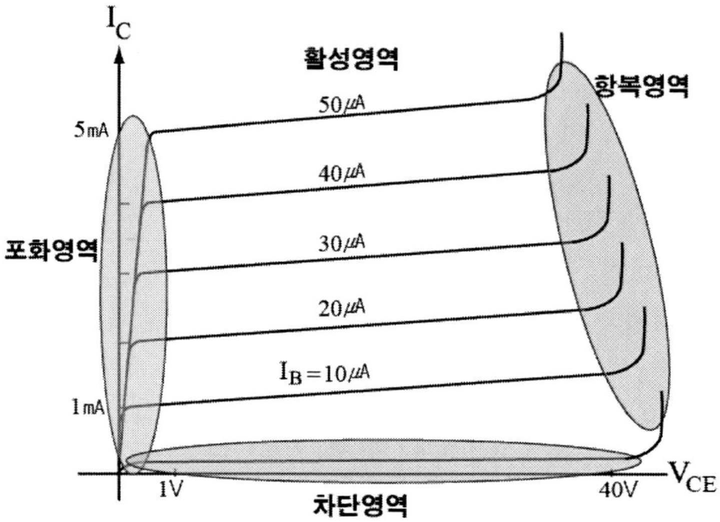

• V_{CE} 전압을 점차 증가시키면 콜렉터전류는 일정한 비율로 조금씩 증가하게 된다. 특성이 직선적으로 변하는 부분들만 모여 있는(베이스 전류:10㎂, 20㎂, 30㎂, 40㎂, 50㎂ 등)이 부분을 **활성영역**이라하고 증폭작용을 할 때 TR을 이영역내에서 동작하도록 한다.

• V_{CE} 전압을 40V 가까이 증가시키면 콜렉터 전류가 무한대로 흐르게 되는 영역이 나타난다. 이것은 트랜지스터가 높은 전압에 의해 도체처럼 동작되어 손상될 가능성이 매우 높아 사용하지 않는 **항복영역**이라고 한다.

• 제일 아래에 있는 **차단영역**은 순방향전압 V_{BE}가 걸리지를 않아 베이스전류가 거의 흐르지 않는 상태가 되고 따라서 콜렉터전류도 0가된다. 그러니까 스위치처럼 OFF가 되는 것이다. 이때 V_{CE} 전압은 거의 V_{CC}가 된다.

• 트랜지스터의 동작영역은 활성영역, 포화영역, 차단영역이고 항복영역은 사용하지 않는다. 트랜지스터를 스위칭 동작으로 사용하기위해서는 포화영역, 차단영역을 사용하게 된다. 또 증폭용으로 사용하기위해서는 주로 활성영역을 사용하게 된다.

(6) 바이어스 회로와 증폭

1) 바이어스

트랜지스터가 포함된 회로를 동작시키기 위해서는 주위의 온도변화, 트랜지스터의 특성 등을 고려하여 직류전압과 전류를 공급해서 활성영역과 포화영역, 차단영역에서 동작하도록 해야 한다. 특히 신호를 증폭하는 목적이라면 활성영역내에서 안정적으로 동작할 수 있도록 전압을 배분해야 한다.

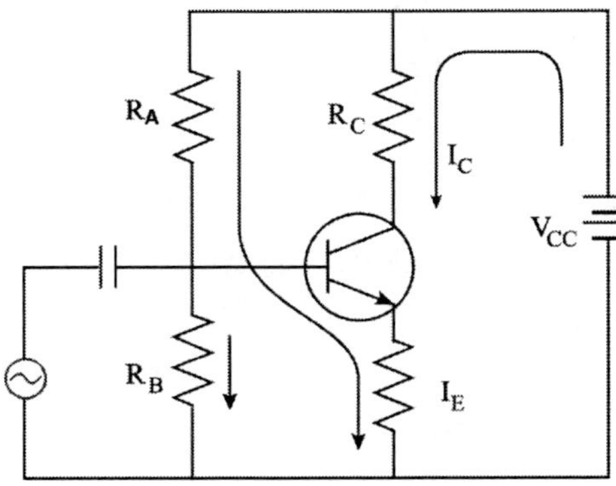

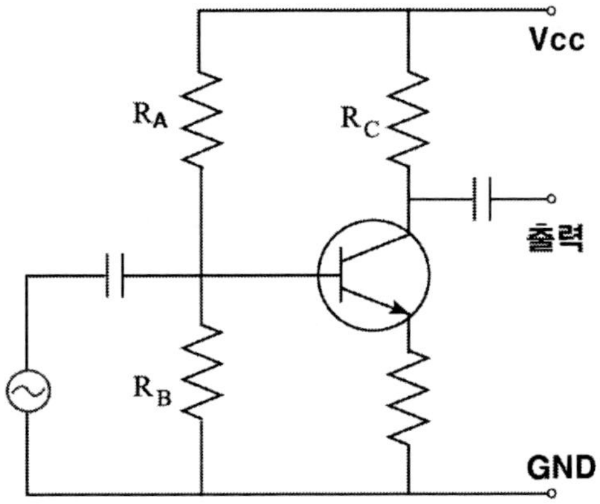

• 신호성분은 직류가 아닌 교류성분이기 때문에 이 신호를 그대로 베이스에 입력으로 활용하면 —성분은 베이스와 에미터에 역방향전압 V_{BE}이 걸리게 된다. 0V 기준을 바이어스 회로를 통해서 직류전류를 베이스에 일정하게 흘려서 기준전압을 올려주어야 신호를 모두 증폭할 수 있다.

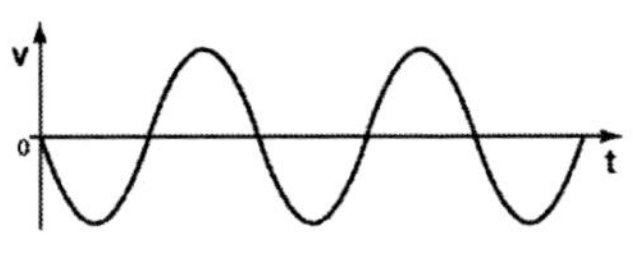

입력신호

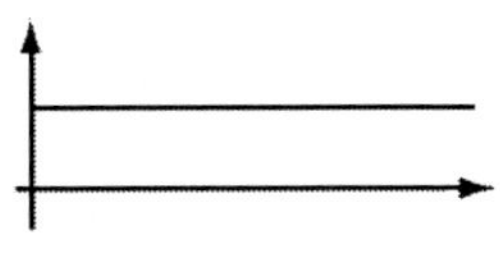

베이스 전압

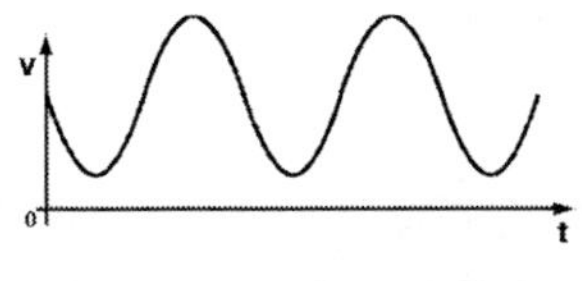

입력신호+베이스전압

• 트랜지스터가 활성영역에 동작할 수 있도록 R_A, R_B 저항을 통해 전압을 배분하여 직류전류를 흘려 베이스는 일정한 높이의 전압을 가져야한다. 입력신호는 이 전압에 실려서 베이스에 가해지게 된다. 입력되는 교류 신호가 증가하면 바이어스 전압 V_{BE}를 더욱 높여서 베이스 전류 I_B가 증가하고 컬렉터 전류도 증가하게 된다.

• 감소하는 교류 신호가 입력되면 바이어스 전압V_{BE}이 감소되므로 베이스 전류I_B가 감소하여 컬렉터 전류I_C도 감소하여 입력되는 신호의 크기를 그대로 증폭하게 된다. 결국 베이스를 통해서 들어간 신호전류는 트랜지스터의 증폭 동작에 의해 전류증폭률 β배 만큼 증폭되어 콜렉터에 흐르게 된다.

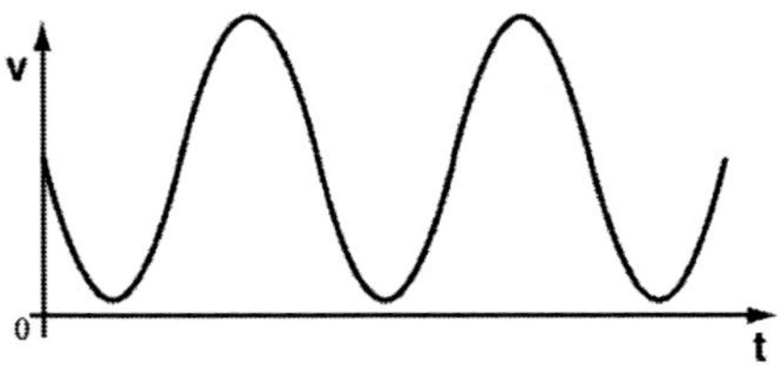

콜렉터 전압

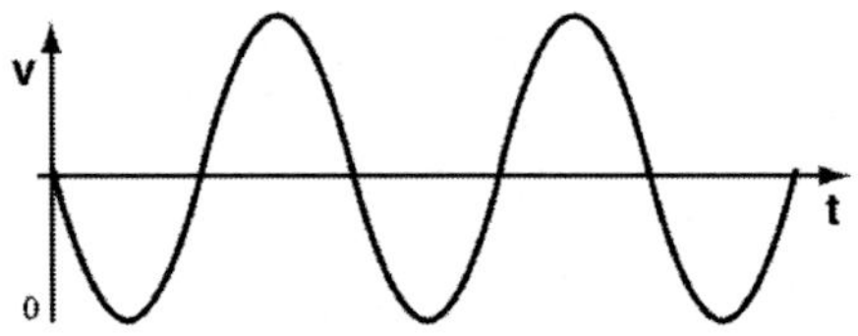

출력 전압

2) 증폭

트랜지스터의 기본 동작에서 에미터에서 방출된 전자 대부분이 컬렉터로 이르게 된다. 이러한 동작에 의해서 작은 신호의 베이스 전류(μA)가 증폭되어 컬렉터 전류(㎃)로 흐르게 된다.

• 전류 증폭률 h_{FE} : 베이스에 흐르는 전류 I_B와 컬렉터 전류 I_C의 비.

$$h_{FE} = \frac{I_C}{I_B}$$

• 트랜지스터의 컬렉터 전류는 베이스에 입력되는 전류와 트랜지스터의 전류 증폭률과의 곱으로 표현되어 20 ~ 200배의 증폭 작용을 얻을 수 있게 된다. 트랜지스터의 사용법에는 3가지 접지방식 (이미터 접지, 컬렉터 접지, 베이스 접지)이 있지만 전류 증폭을 위해서는 에미터 접지방식이 주로 사용되고 있다.

(7) 트랜지스터의 스위칭 작용

트랜지스터를 증폭이 아닌 단순히 On, Off 스위치와 같은 스위칭 동작으로 사용하기위해서는 **포화영역**, **차단영역**을 사용하게 된다. 또한 스위치 동작을 하는 전자부품으로 **릴레이**가 광범위하게 사용되고 있다.

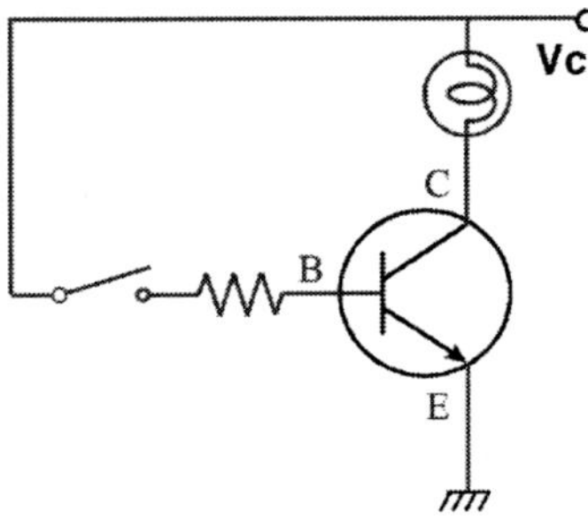

트랜지스터 스위칭 회로

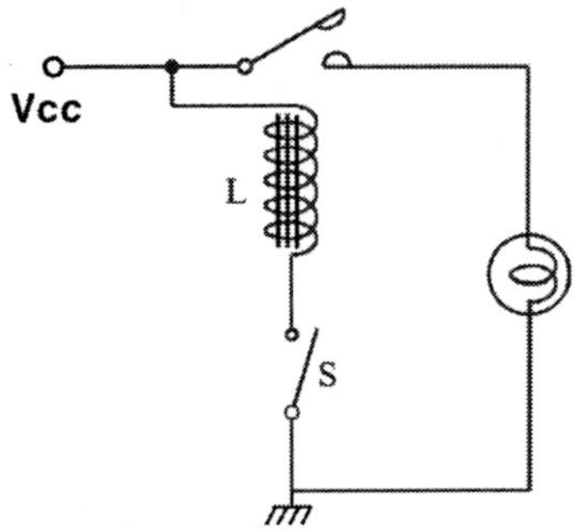

기계식 접점 릴레이 회로

1) 트랜지스터 스위칭 회로

• 스위치가 열려 있으면 베이스와 에미터에 순방향 바이어스 전압이 공급되지 않아 트랜지스터는 Off되어 컬렉터 전류가 흐르지 못하게 되어 전구도 Off된다. 이때 트랜지스터는 차단영역에 있게 된다.

• 스위치가 닫히게 되면 전원전압은 V_{BE}에 0.7V정도 걸리고 나머지는 저항에 걸리게 된다. 베이스에 있는 저항은 베이스 전류를 제한하기 위해 설정된다. 순방향 바이어스 전압이 공급되어 베이스 전류가 흐르고 트랜지스터는 포화영역에 있게 된다. 따라서 콜렉터 전류가 흐르게 되어 전구가 On된다.

2) 기계식 접점 릴레이

스위치가 열려 있으면 코일 L이 자화되지 못하여 접점 P를 닫을 수 없게 되므로 전구는 점등되지 않는다. 그러나 S가 닫히게 되면 코일의 자화력으로 접점이 닫혀 전구가 점등한다.

3) SSR(Solid State Relay)

반도체를 이용하여 릴레이와 같은 기능을 하도록 한 것이다. 릴레이의 기계적인 부분이 없기 때문에 접점고장, 노이즈가 거의 없는 무접점 릴레이이다.

• 적외선과 같은 빛을 이용해서 다이악, 트라이악과 같은 반도체를 On, Off 하는 전자식 스위치도 많이 사용되고 있다. 다음은 Photo－Triac(TLP560G)의 예를 나타낸 것이다.

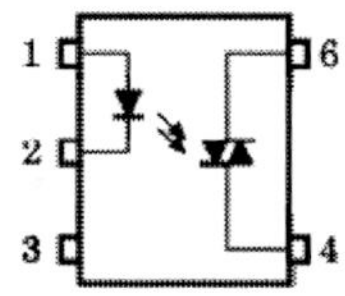

4) 기계식 접점 릴레이와 비교해서 트랜지스터의 장점

① 릴레이는 기계적인 접점으로 개폐하기 때문에 채터링(접점의 진동)이 발생하지만 트랜지스터는 전기적인 접점으로 동작이 안정된다.

② 릴레이는 접점을 기계적으로 개폐(동작지연: 5~10㎳) 하기 때문에 초당 100~200회 정도의 스위칭동작을 하지만, 트랜지스터는 1초에 1000회 이상으로 스위칭 동작이 빠르다.

③ 릴레이의 코일을 자화시키기 위한 전류보다 매우 작은 베이스 전류(㎂)로 On, Off가 가능하며 베이스 전류를 가감하여 컬렉터 전류를 제어 할 수 있다.

5) 스위칭의 예1

다음은 베이스에 계단식으로 변화하는 신호가 입력될 경우 트랜지스터가 스위치의 동작을 하면서 LED를 On, Off하는 회로이다.

베이스에 5V가 입력 되면 V_{BE}에 0.7V정도 걸리고 나머지인 5V - 0.7V = 4.3V는 3㏀ 저항에 걸리게 된다.

베이스 전류 = 4.3[V] / 3[㏀] = 1.43[㎃]

베이스 전류가 흘러 들어가면 콜렉터와 에미터사이는 On되어 콜렉터 전류가 흐르게 되는데 콜렉터와 에미터사이의 전압은 거의 0 ~ 0.2[V]가 된다.

1kΩ 저항에 걸리는 전압 = 12[V] - 1.8[v] : LED 에 걸리는 전압으로 종류마다 다름
= 10.2[V]

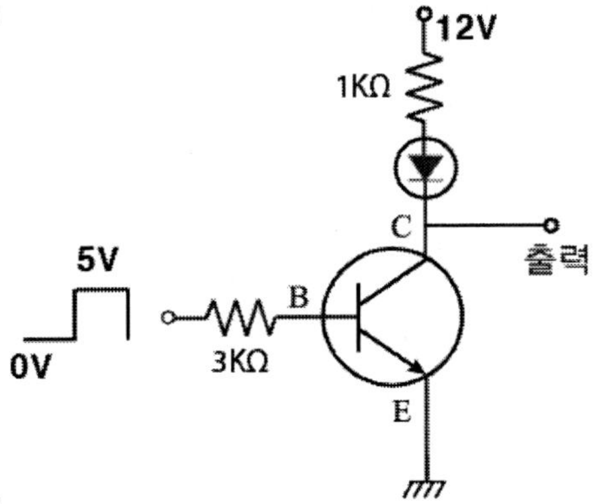

콜렉터 전류 = 10.2[V] / 1[kΩ] = 10.2[㎃]

LED가 On되어 켜진다.

입력신호 0[V] : TR은 Off되어 출력전압 5V, I_C = 0[㎃]
입력신호 5[V] : TR은 On되어 출력전압 0V, I_C = 10.2[㎃]

6) 스위칭의 예2

다음은 스위칭의 예1과 거의 유사하지만 전원전압이 5V이고 각 저항의 값이 정해지지 않았다. 저항을 계산해보자. 트랜지스터의 전류증폭률 β = 100이라고 가정한다.(보통 TR의 전류증폭률 β= 100이다). LED는 10㎃ ~ 20㎃정도 흘려야 밝게 켜진다. 12[㎃]가 흐르도록 저항값을 계산한다.

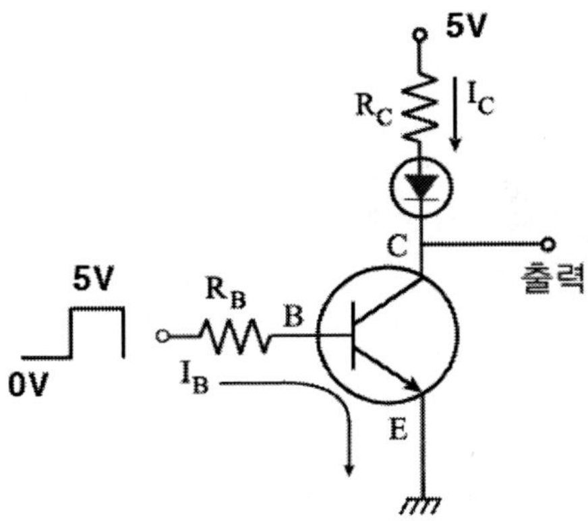

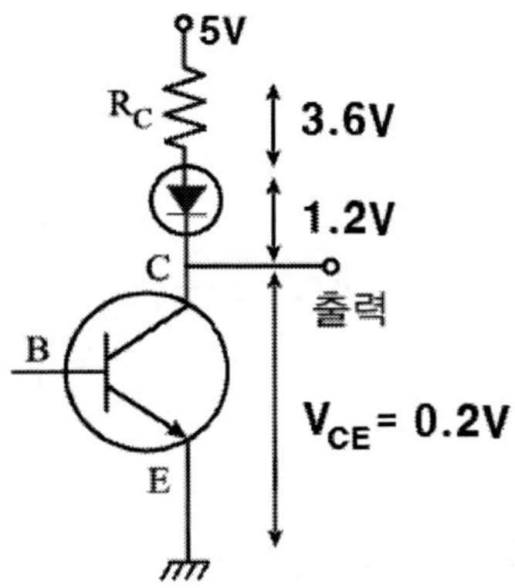

$I_B = I_C / \beta = 12㎃ / 100 = 120\mu A$

$V_{RB} = V_{BB} - V_{BE} = 5V - 0.7V = 4.3V$

베이스저항 R_B = 4.3V / 120μA = 35.8kΩ

트랜지스터가 충분히 포화영역으로 들어가게 하려면 베이스저항 R_B는 35.8kΩ 보다 작아야한다. 그래서 R_B = 30kΩ

실제 베이스전류 I_B = 4.3V / 30kΩ = 143.3μA
컬렉터전류는 베이스전류 I_B의 100배인 최대 14.3mA까지 포화영역에서 동작시킬 수 있다.

V_{RC} = 5V - 1.2V(LED 옵셋전압) - 0.2V(V_{CE} 포화전압) = 3.6V

R_C = 3.6V / 12mA(LED에 흐르게 할 전류 량) = 300Ω

7) 릴레이 동작 스위칭

비교적 많이 사용하는 유도성 부하인 릴레이를 구동해보자. 릴레이 소자의 동작전류는 100mA이다. 따라서 전류증폭률이 100이라면 베이스 전류가 1mA이상이 되어야 릴레이를 구동시킬 수 있다.

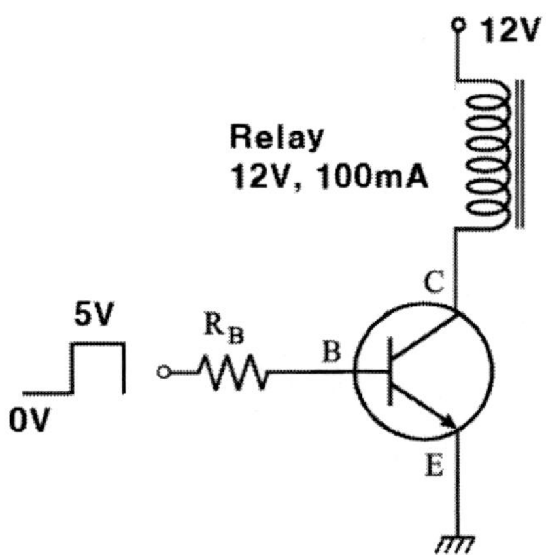

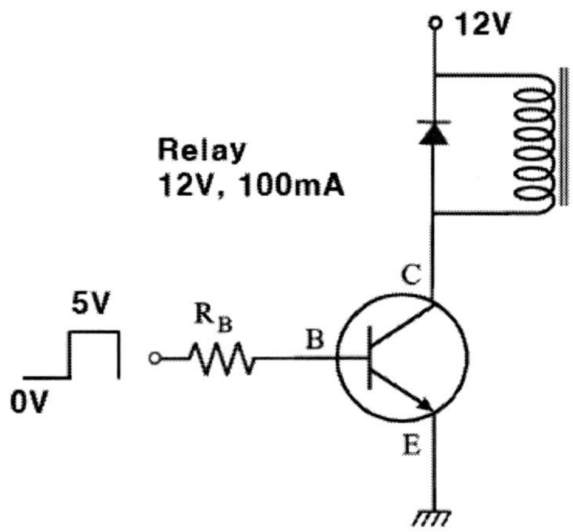

1mA의 베이스 전류를 흐르게 하기위해 베이스 저항값을 계산해보자.

V_{RB} = V_{BB} - V_{BE} = 5V - 0.7V = 4.3V

베이스저항 R_B = 4.3V / 1mA = 4.3kΩ

베이스 전류가 1mA 이상 흐를수 있도록 베이스저항 R_B는 4.3kΩ 보다 작은 R_B = 4kΩ

정도로 한다. 다시 베이스전류를 계산하면

실제 베이스전류 I_B = 4.3V / 4kΩ = 1.075mA

콜렉터전류 = 1mA × 100(전류증폭률) = 100mA

릴레이에 연결되어 있는 다이오드는 릴레이에 전류가 흐르고 있다가 Off되면 전류가 계속 흐르려는 관성에 의해 높은 전압의 역기전력이 발생해서 TR이 파괴된다. 이것을 막기 위해 전원과 역방향으로 연결하여 소멸 시킨다.

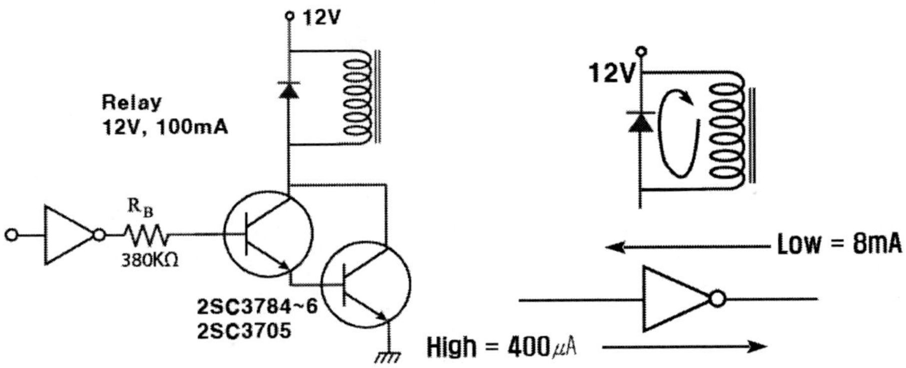

TTL IC를 사용한 릴레이 동작회로 예

실 습 1

앞에서 계산된 저항값으로 회로를 브레드보드에 구성하여 각각의 전압과 전류를 실제 측정해서 작성하시오.

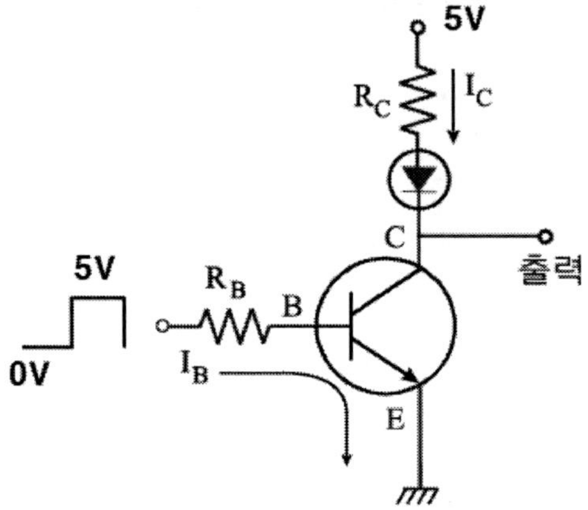

1. 준비물

브레드보드
콤보테스터
테스터
TR : 2SC1815
R_B : 30kΩ, R_C : 300Ω
LED

2. 실습방법

① 테스터를 이용해서 LED를 점검한다. ×10Ω 렌지에 LED를 테스터한다.
② 테스터를 이용해서 트랜지스터를 점검한다.
③ 브레드보드에 회로를 구성한다.
④ 펑션 제네레이터를 사용해서 구형파 펄스(1Hz)를 트랜지스터의 베이스 저항 앞에 연결해서 연속적으로 LED On, Off 하는 것을 확인한다. 이때 주파수를 1 ~ 10Hz 정도로 설정한다.
⑤ 5V 스위치로 베이스에 연결해서 직접 LED On, Off 하는 것을 확인한다.
⑥ 출력단자에 테스터 혹은 오실로스코프를 연결해서 확인한다.

3. LED의 특성에 대한 내용을 데이터 자료를 보고 확인한다.

Absolute Maximum Rating of Each Segment (Ta = 25℃)

Parameter	Symbol	Maximum Rating	Unit
Power Dissipation	P_M	80	mW
Continuous Forward Current	I_F	30	mA
Reverse Voltage	V_R	6	V
Operation Temperature	T_{opr}	−25℃ ~ 85℃	℃
Storage Temperature	T_{stg}	−40℃ ~ 100℃	℃
Soldering Temperature : 2.0mm from Body for 3 seconds at 260℃			

Electron-Optical Characteristics of Each Segment (Ta = 25℃)

Parameter	Symbol	Min.	Typ.	Max.	Unit	Test Condition
Luminous Intensity	I_V	65	75		mcd	I_F=20 mA
Forward Voltage	V_F		2.2	2.5	V	I_F=20 mA
Reverse Current	I_R			50	μA	V_R=5V
Peak Wavelength	λ_P		575		nm	I_F=20 mA
Viewing Angle	2θ1/2		35		deg	I_F=20 mA

4. 실습결과

① 콤보테스터의 구형파 펄스를 입력단에 연결하여 측정한 결과를 기록한다.

	입 력	LED 출력 확인
구형파	1Hz	
	300Hz	
5V		

② 입력단자에 5V를 연결해서 측정한 결과를 입력한다.

	V_{RB}	I_B	출력	I_C
LED On				
LED Off				

실 습 2

다음은 TR을 이용하여 릴레이를 동작하는 회로이다.

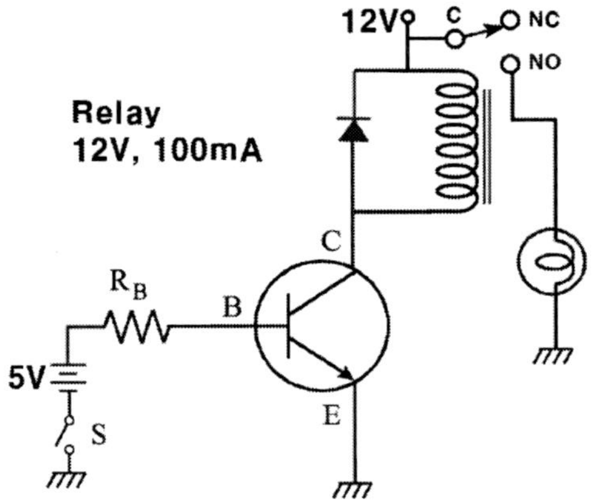

1. 준비물

브레드보드
콤보테스터
테스터
TR : 2SC1815
1N4004
R_B : 4kΩ,
Relay (12V/100mA), HR93F-DC12H) ☞
램프 12V

2. 실습방법

① 브레드보드에 회로를 구성한다.
② 릴레이는 연결클립을 이용해서 연결한다.
③ 연결이 회로와 같이 완료되면 전원을 연결한다.
④ 베이스에 연결된 스위치를 On하면 릴레이가 동작해서 램프가 켜진다.

3. 릴레이의 동작특성에 대한 내용을 데이터 자료를 보고 확인한다.

Double movable terminal

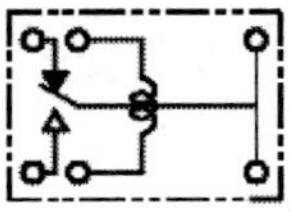

Single movable terminal

Part number	Nominal voltage (VDC)	Coil resistance (Ω ± 10%)	Nominal current (mA)	Must operate voltage (VDC)	Must release voltage (VDC)	Max voltage (VDC)	Nominal power (mW)
Single movable terminal, Standard coil							
HR93F DC03	3	20	150	2.1	0.3	3.3	450
HR93F DC05	5	56	90	3.5	0.5	5.5	
HR93F DC06	6	80	75	4.2	0.6	6.6	
HR93F DC09	9	180	50	6.3	0.9	9.9	
HR93F DC12	12	320	37.5	8.4	1.2	13.2	
HR93F DC24	24	1,280	18.75	16.8	2.4	26.4	

4. 실습결과

	I_B	I_C	V_{CE}	V_{RB}	
릴레이 On					
릴레이 Off					

실습방법에 따라 측정한 값을 입력한다.

실 습 3

비안정 멀티바이브레이터를 이용한 깜박이 회로를 만든다. 비안정은 안정 상태가 없이 두 개의 TR이 On, Off를 교대로 일정 주파수의 구형파를 만들어 내는 회로이다. 만들어진 출력 구형파를 컴퓨터나 디지털 회로의 동작 시간을 제어하기 위해 사용된다.

다음은 실습3에 관련해서 참고할 웹사이트이다.
http://cont121.edunet4u.net/hk6015/introhome.htm
http://cont121.edunet4u.net/hk6015/sub_practice/elec-circuit-multibivrator-1.htm

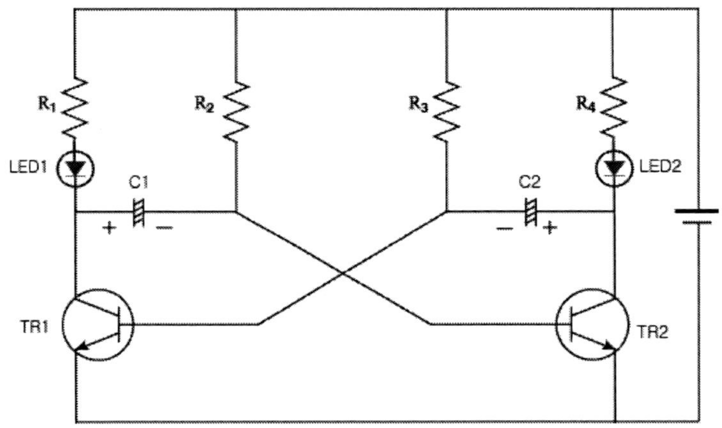

1. 회로 동작 설명

① TR형 비안정 멀티바이브레이터 발진기는 트랜지스터의 증폭회로 2단을 콘덴서로 결합하여 출력 신호를 입력으로 정궤환(positive feedback)시켜 발진하도록 하고 있다.

② TR1에 전류가 흐르면 콘덴서 C1이 서서히 충전을 하여 전원 전압까지 상승한다.

③ TR2는 콘덴서 C1의 충전에 의하여 서서히 역바이어스로 되어 TR2에 흐르는 전류가 차단되고, 콘덴서 C2의 전압이 증가하게 된다. (LED1 : 점등, LED2 : 소등)

④ 콘덴서 C2의 전압의 증가는 TR1의 바이어스 전압을 더욱 상승시키므로 TR1은 포화되고, TR2는 차단되어 버린다.

⑤ 잠시 후 콘덴서 C1의 충전전압은 R2를 통해 서서히 방전되어, 다 없어지면 TR2가 R2에 의해서 순바이어스가 되므로 전류가 흘러 콘덴서 C2가 서서히 충전을 시작하여 전원전압까지 상승한다.

⑥ 따라서 TR1이 서서히 역바이어스되어 콘덴서 C1의 전압이 더욱 상승하므로 TR2는 포화되고 TR1이 차단되어 버린다. (LED1 : 소등, LED2 : 점등)

⑦ 잠시 후 콘덴서 C2의 충전전압이 서서히 방전되어, 다 없어지면 TR1이 R3에 의해서 순바이어스가 걸리게 되므로 전류가 흘러 처음과 같은 상태를 반복하게 된다.

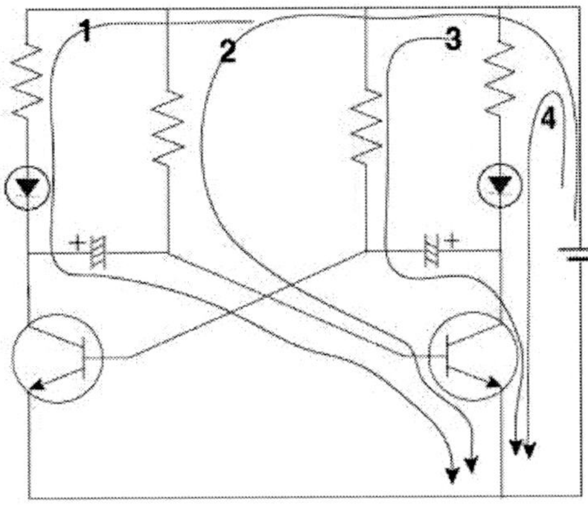

⑧ 결국 위의 회로는 전원을 연결하면 LED1과 LED2가 일정한 주기를 가지고 교대로 깜빡거리는 동작을 하는 회로이다.

⑨ 이 때 발진 주기는
T = R2 × C1 + R3 × C2 = 0.69 [sec]이다.

2. 준비물

브레드보드
콤보테스터
테스터
2SC1815 2개
LED 2개
전해콘덴서 22㎌ / 10V 2개
저항 470Ω(R_A, R_D) 2개
저항 22㏀(R_B, R_C) 2개

3. 실습방법

① 브레드보드에 회로를 구성한다.

② 연결이 회로와 같이 연결되면 전원을 연결한다.

③ LED가 깜박이는지 확인한다.

④ 오실로스코프를 이용해서 TR 컬렉터에 구형파 펄스의 출력을 파형으로 확인하고 계산한 주기와 비교해본다.

⑤ 측정파형과 측정된 주기, 주파수를 표에 기록한다.

4. 실습결과

① 실습방법에 따라 측정된 값을 입력하시오 .

	계산식	스코프 측정
주기		
주파수		

② 오실로스코프의 파형을 그리시오.

제11장 사이리스터

1 사이리스터(Thyristor)

사이리스터는 반도체를 이용해서 접점이 없는 스위치와 같은 역할을 하도록 만든 SCR, DIAC, TRIAC 등과 같은 것을 통칭해서 부르는 명칭이다. 대부분의 사이리스터는 자동문, 조명의 밝기제어, 자동차의 전자점화장치, 모터제어, 자동판매기 등 광범위하게 사용되고 있다.

(1) SCR(Silicon Controlled Rectifier)

SCR은 한쪽 방향으로만 전류를 흘리는 다이오드와 비슷한 특징을 가지고 있지만 게이트단자에 펄스나 직류를 가해서 전류를 제어한다. 그래서 제어정류소자라는 이름으로 부른다.

1) 구조

SCR은 PNPN(NPNP)의 4층 구조로 3개의 접합면을 가지고 있으며 두 개의 트랜지스터를 결합한 것으로 해석할 수 있다. 아래 그림은 SCR의 등가회로와 기호를 나타낸 것이다. 그리고 게이트의 부착 위치에 따라 P-게이트형, N-게이트형으로 분류한다.

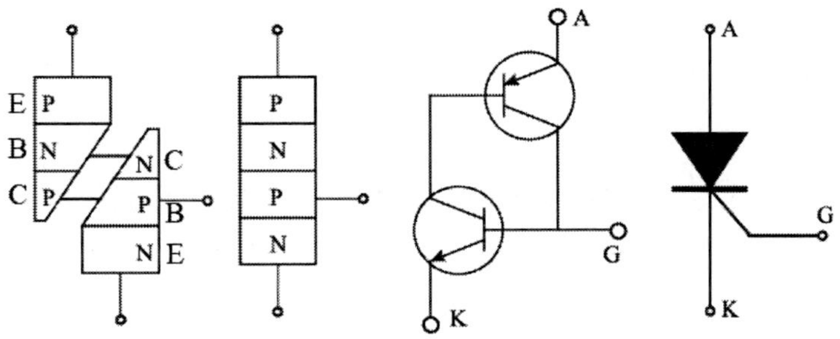

SCR의 구조 등가회로 기호

(2) 동작원리

① SCR의 애노드와 캐소드에 전원을 투입하고 게이트에 신호가 입력되지 않으면 두 개의 TR 모두 Off되어 SCR은 Off된다.

② 게이트 단자에 전류를 흐르게 하면 NPN TR의 베이스와 에미터 사이에 순방향 바이어스가 걸려 전류가 흐른다. 그리고 콜렉터에는 전류증폭율 만큼 증가된 전류가 흐르게 된다. NPN TR이 On된다.

③ PNP TR의 베이스와 에미터는 순방향으로 되어있어 전원에서 출발한 전류는 PNP의 E ⇨ B ⇨ NPN의 C ⇨ E로 흐르게 된다.

④ PNP TR이 On되면서 콜렉터에는 전류증폭율 만큼 증가된 전류가 흐르면서 PNP의 E ⇨ C ⇨ NPN의 B ⇨ E로 흐르게 된다. 즉 NPN의 베이스를 전류가 흐르면서 NPN TR을 다시 On하게 된다.

⑤ 그리고 다시 ③번을 반복하게 되어 PNP TR이 On된다. 이러한 동작으로 증폭된 전류가 또 증폭되면서 트랜지스터들이 포화영역으로 들어가서 SCR이 On된다.

⑥ 게이트에 흐르는 전류를 차단해도 계속 On 상태가 유지된다.

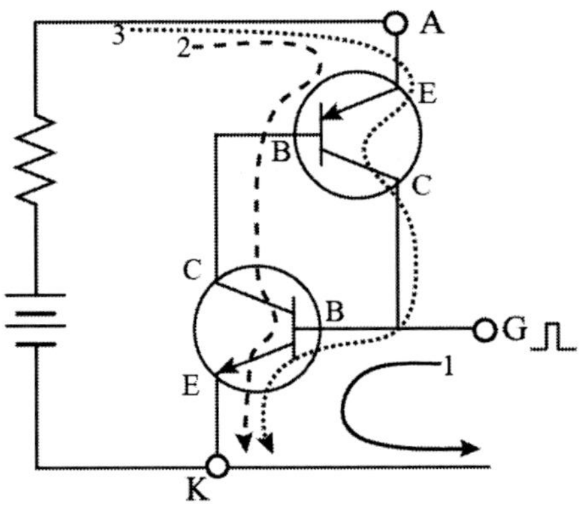

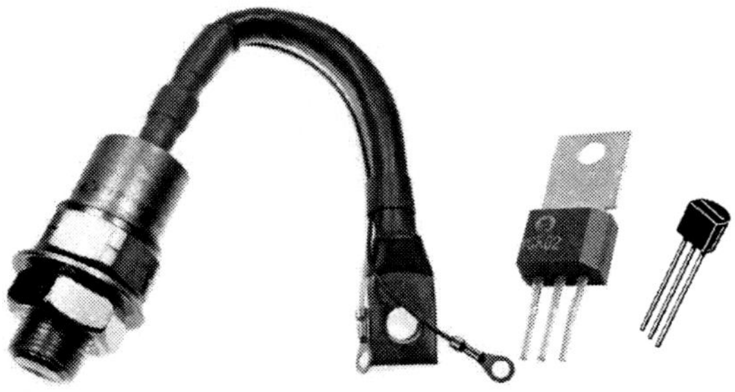

• SCR은 게이트 신호에 의해 On되면 전류를 제거해도 On상태가 유지되기 때문에 On상태를 유지하기위해서 지속적으로 전류를 흘릴 필요 없이 펄스와 같은 전압을 사용해도 된다.

(3) SCR Off

직류전원을 사용하는 경우의 SCR을 Off하려면 전원을 일시 제거하거나 교류전압인 경우 0V인 순간에 Off상태로 돌아간다.

(4) SCR 특성곡선

에노드에 +전압을 캐소드에 -전압을 인가하면 역방향 전압(**pNPn**) 때문에 순방향 차단상태가 되어 전류가 흐르지 못하고 무시할 정도의 역방향 누설전류만 흐르게 된다. 전압을 계속 높여가면 역방향 누설전류가 증가하면서 어느 정도 커지면 전류가 통하면서 전체적으로 도통이 된다. 이때 전압을 Break-Over전압(V_{BO})이라고 하며 전류가 급격히 흐르게 된다. 도통한 상태에서 전압을 조금씩 줄여나가면 전류의 양만 줄어들고 도통 상태는 유지된다.

- 계속 전압을 줄여가면 도통상태가 다시 순방향 차단상태로 복귀하게 된다. 이 전압을 도통 상태를 유지할 수 있는 최소홀딩전압(V_H)이라고 한다.

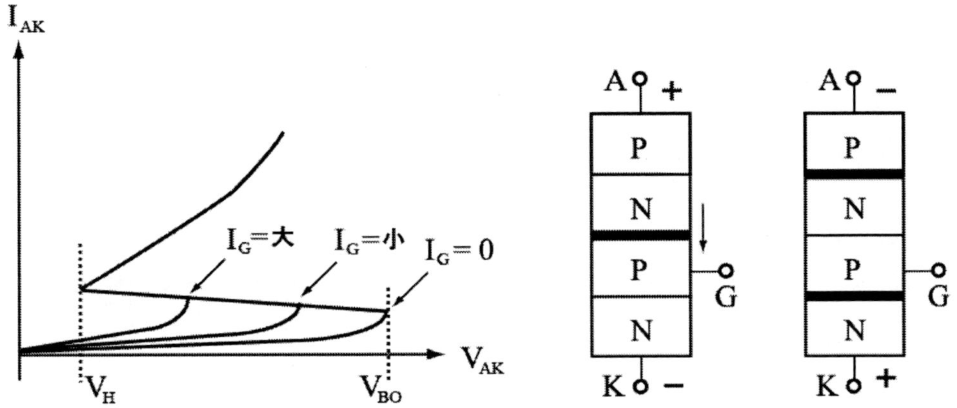

- 게이트 단자를 이용해서 Break-Over전압(V_{BO})을 조절할 수 있는데 게이트단자에 약간의 전류만 흘려도 브레이크-오버전압이 내려간다. 게이트 전류가 클수록 도통상태가 되는 브레이크-오버전압이 낮아진다. 게이트단자의 전위가 높아질수록 바로위 N형 반도체의 다수의 전자가 강한 전계에 이끌려 공핍층을 넘어 흐르게 된다.

(5) SCR의 장점

① 소전력(저전압, 저전류)으로 고전압 대전류의 제어가 용이하다.
② 교류의 위상제어와 ON,Off제어가 용이하다.
③ 제어이득이 높고, 게이트 신호가 소멸하여도 ON 상태를 유지할 수 있다.
④ 수명은 반영구적으로 신뢰성이 높다. 또 써지 전압 전류에도 강하다.
⑤ 소형, 경량으로 기기나 장치에의 설치가 용이하다.

(6) SCR 응용

다음은 전원전압을 게이트에 펄스를 인가해서 제어하는 예를 나타내었다.

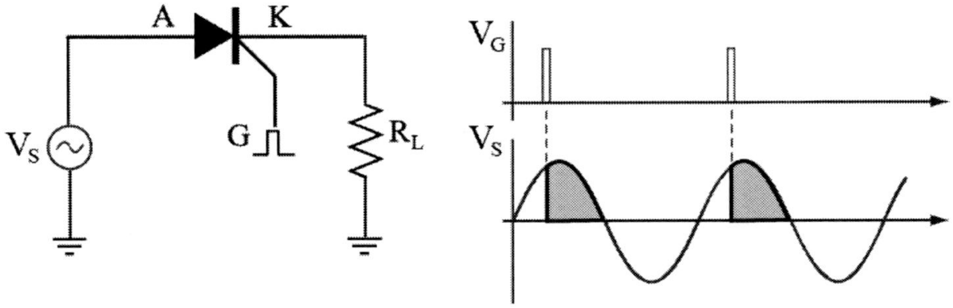

• 게이트에 펄스가 인가되기 전까지는 교류신호가 부하저항에 나타나지 않는다. 게이트 펄스 인가되는 순간 SCR의 Anode와 Cathode가 도통하게 되어 부하저항에 나타나고 교류신호가 0V가 되는 지점에서 SCR은 Off 된다. 이러한 동작이 게이트펄스가 들어올 때 마다 반복되어 교류신호의 전력을 제어하게 된다.

• 게이트펄스 발생 시기를 조금 늦게 시작하도록 한다면 정현파의 + 부분의 회색 부분이 적어져서 교류전력은 더욱 줄어든다. 만약 조명등이 부하저항으로 쓰였다면 점점 어두워질 것이다.

• SCR은 DC모터 컨트롤, 용접기, 모터 속도제어, 온도제어 등에 사용되며 전류에 대한 On, Off 동작이 매우 빠르며 내전압이 높기 때문에 트랜지스터의 스위칭 동작대용으로 활용된다.

(2) 다이액 (Diac)

다이액은 두 개의 단자를 가진 교류제어소자의 의미로 이름이 만들어졌다. PNPN 반도체 층이 양방향으로 결합되어, 양방향으로 전류를 흘릴 수 있는 2단자 소자이다. 캐소드가 없는 대신에 애노드1과 애노드2가 있다.

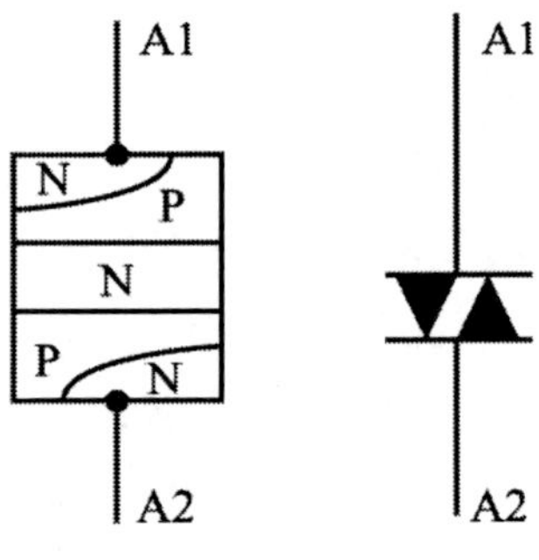

• 다이액은 두 단자의 극성에 상관없이 다이액 양단의 전압이 일정 전압(브레이크오버 전압)에 도달하면 도통되고, 전류가 유지전류 이하로 떨어지면 단락된다. 도통된 다이액의 전류방향은 인가된 전압

에 극성에 따라 결정된다.

• 트라이악을 구동하기위한 펄스를 생성하는데 함께 주로 사용된다.

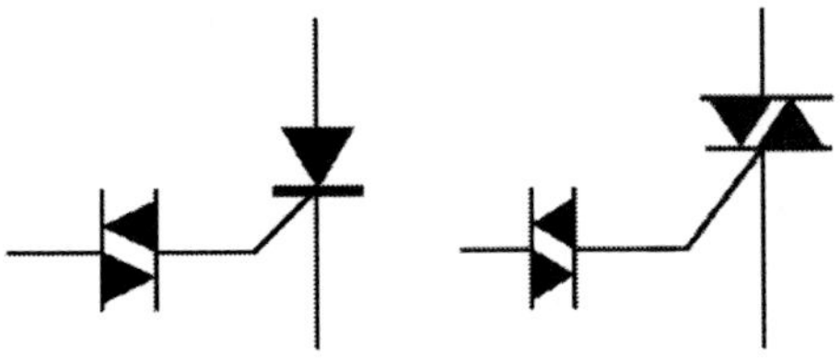

(3) 트라이액 (Triac)

SCR, DIAC은 교류신호 파형중에서 +부분의 파형만 제어하는 것으로 조명전구를 제어한다면 전구에는 최대 절반만 출력될 것이다. 트라이액은 교류파형 전체를 제어할 수 있다. 이것은 SCR P형 게이트와 SCR N형 게이트를 역병렬로 조합한 것이다.

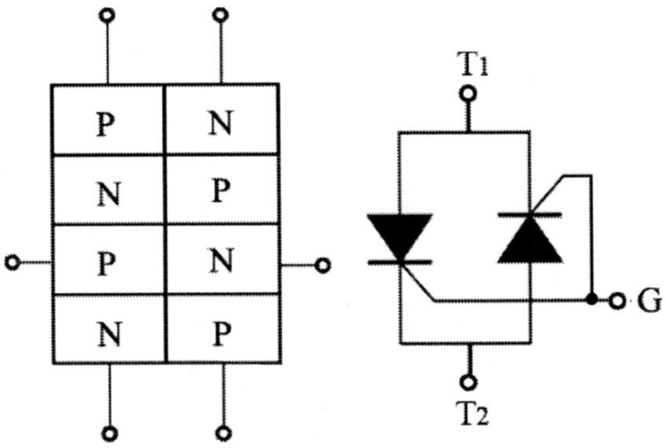

SCR P형,N형 게이트 역병렬조합 등가회로 기호

• 교류전원의 양방향을 제어하는데 많이 사용되며 조명용 전기스탠드, 전기장판 등의 제어에 많이 사용된다.

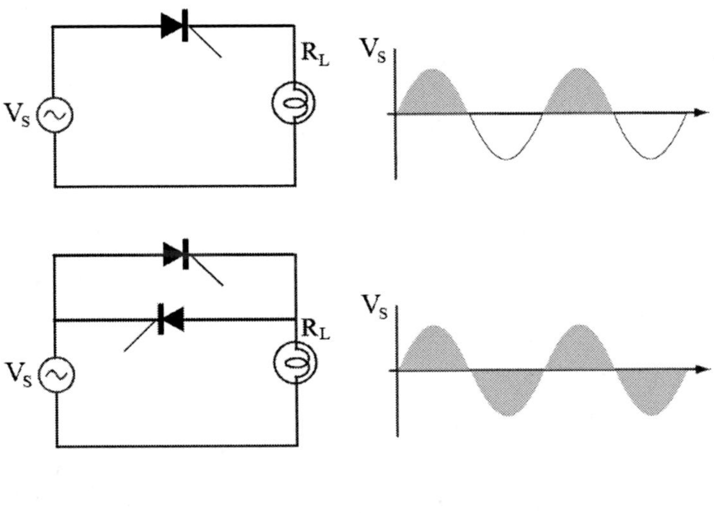

실 습 1

SCR소자의 동작 테스터

SCR은 테스터로 소자의 정상, 불량을 검사할 수 있다.

① 테스터를 ×1Ω 렌지에 설정한다.

② 캐소드에 테스터의 +단자, 애노드에 - 단자를 연결한다.

③ 그 상태에서 드라이버나 혹은 점프선을 이용해서 애노드와 게이트 단자를 잠시 쇼트 시키고 제거한다.

④ 테스터의 지침이 저항값이 거의 없는 오른쪽으로 움직여서 즉 SCR이 도통한 상태가 유지된다.

⑤ 감도가 높은 SCR은 ×10Ω 렌지에서도 확인이 가능하다.

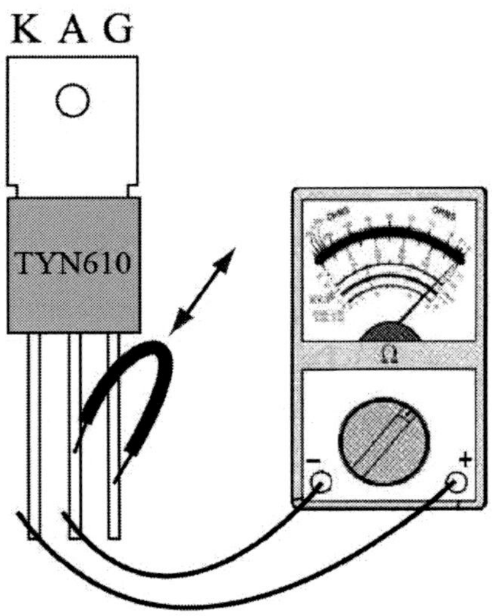

2. 준비물

SCR

multi Tester

선(드라이버)

실 습 2

다음은 여러 개의 누름버튼 스위치 중에서 임의의 버튼(SW1 ~ SW3)을 누르게 되면 SCR이 On되어 부저나 램프가 켜지는 회로이다.

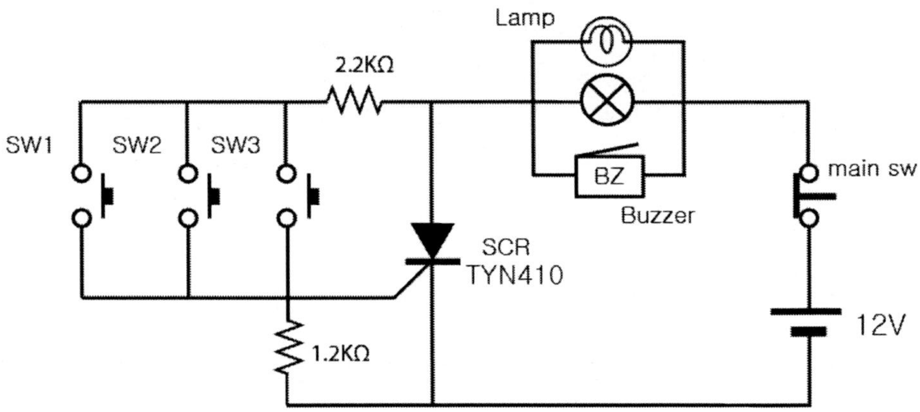

1. 동작원리

① 여러 개의 버튼(SW1 ~ SW3)중에서 임의의 버튼을 누르게 되면 2㏀ 저항을 거쳐 SCR의 게이트로 게이트 전류가 흐르게 된다.

② SCR은 On 되어 전류는 SCR의 애노드에서 캐소드로 흐르게 되며, 누름버튼 스위치는 놓게 되어 다시 원래 상태로 복귀해서 Off 된다. 따라서 게이트 전류는 더 이상 흐르지 않는다.

③ 그러나 SCR은 한번 도통이 되면 전원을 차단하기 전까지는, 도통 상태가 유지된다. 부저와 램프는 계속 전류가 흘러 동작하게 된다.

④ 메인 스위치를 눌러 회로를 끊어 전류의 흐름을 막으면 SCR은 Off되어 부저와 램프는 더 이상 동작하지 않게 된다.

2. 준비물

브레드보드
콤보테스터
테스터
푸시버튼 스위치 3개
저항 1.2㏀/2w, 2.2㏀/2w

SCR TYN 410
램프 12V용

3. 사용하게 될 TYN 410 SCR에 관련된 자료이다.

Symbol	Parameter		Value	Unit
$I_{T(RMS)}$	RMS on-state current (180° conduction angle)	Tc = 100°C	10	A
$I_{T(AV)}$	Average on-state current (180° conduction angle, single phase circuit)	Tc = 100°C	6.4	A
I_{TSM}	Non repetitive surge peak on-state current (Tj initial = 25°C)	tp = 8.3ms	105	A
		tp = 10ms	100	
I^2t	I^2t value	tp = 10ms	50	A^2s
dI/dt	Critical rate of rise of on-state current Gate supply: I_G = 100mA dI_G/dt = 1A/µs		50	A/µs
Tstg Tj	Storage and operating junction temperature range		-40 to +150 -40 to +125	°C
Tl	Maximum lead soldering temperature during 10s at 4.5mm from case		260	°C

Symbol	Parameter	TYN					Unit
		210	410	610	810	1010	
V_{DRM} V_{RRM}	Repetitive peak off-state voltage Tj = 125°C	200	400	600	800	1000	V

4. 실습 방법

① 회로도와 같이 브레드보드에 조립한다.

② 두 개의 스위치 중 하나를 누르게 되면 SCR의 게이트에 전류가 흘러 SCR이 도통되면서 램프가 켜진다.

③ 부저와 램프를 해지하려면 스위치3을 누른다. 즉, SCR의 도통 상태를 차단으로 만들려면 전원을 일시 차단한다.

④ 스위치를 눌렀을 때 게이트에 걸리는 전압(1.2kΩ양단)을 측정하시오.

⑤ 스위치를 눌렀을 때 게이트에 입력되는 전류를 측정하시오.

5. 실습결과

실습 방법에 따라 전압과 전류를 측정하여 입력하시오.

	측정값	비 고
게이트 전압		
게이트 전류		

제12장 센 서

1 광전소자

빛에 반응하는 광전효과는 빛에너지가 충분히 큰 광자 즉, 전자, 정공의 결합을 깨트려서 자유전자가 생성될 정도의 큰 에너지에 의해 효과가 나타난다. 따라서 광소자들은 빛의 파장에 의해 영향을 받는데 에너지는 주파수에 비례하고 파장에 반비례한다.

종 류	광 전 소 자
발광소자	LED, 레이저다이오드,LCD, 적외선LED
수광소자	포토다이오드, 포토TR, Solar Cell, 광도전체(Cds, LSD)
광결합소자	포토인터럽터, 포토커플러
촬상소자	CCD(Charge coupled Sensor), 이미지센서

(1) 발광다이오드(LED)

발광 다이오드는 LED(Light Emitting Diode)는 1.5V 정도의 저전압에서 동작하며 PN접합 다이오드에 순방향 전압을 가했을 경우 빛을 발생시키는 소자이다. 수명이 길고 빛의 강도가 높으며 동작이 빠르다는 장점이 있다.

- 청색과 고휘도 LED의 개발로 조명, 신호등과 같은 적용범위가 넓어지고 있다. 자동차에서는 디지털 미터의 표시장치, 차속센서 등에 사용되며 포토다이오드와의 조합으로 크랭크 각도 검출에도 응용되고 있다.

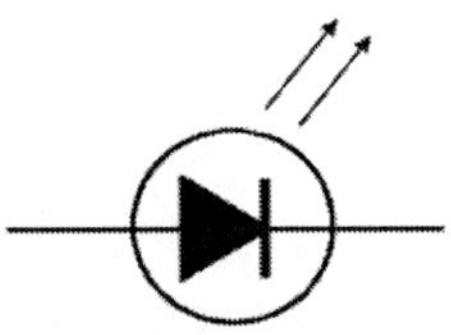

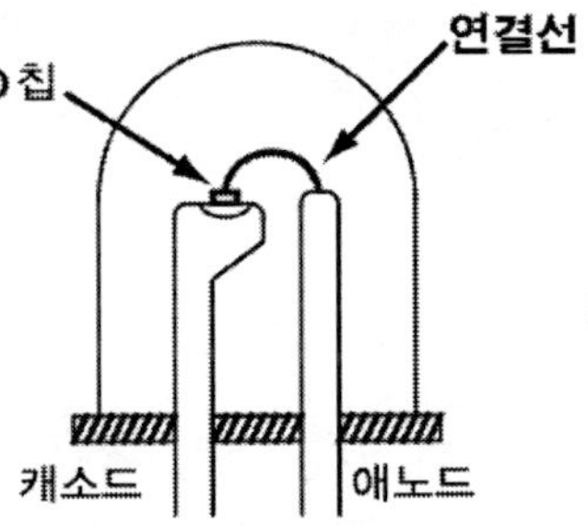

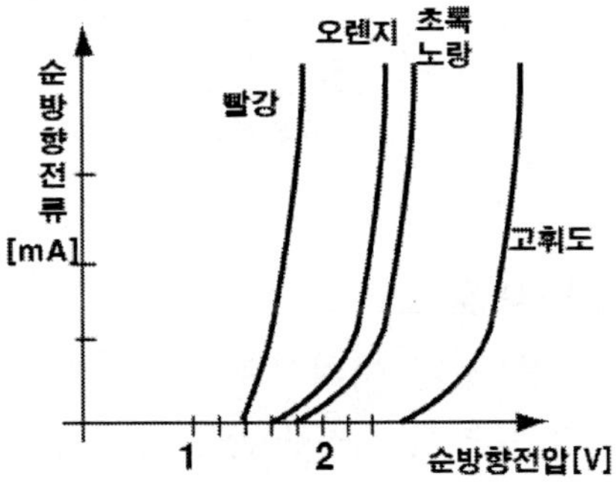

• LED의 색상에 따라 사용하는 파장이 다르기 때문에 반도체에 포함하는 불순물의 종류가 서로 다르다.

1) 적외선 LED : 발광 다이오드의 일종으로 특별하게 적외선 파장의 빛을 발생하도록 만든 것으로 각종 전자제품의 리모컨의 신호 송신용 및 짧은 거리의 송수신용으로 많이 이용된다.

2) 7-세그먼트 LED(FND) : LED의 조합으로 숫자, 영문자 등을 표시하기 위해 만든 것으로 각종 표시장치에 사용된다.

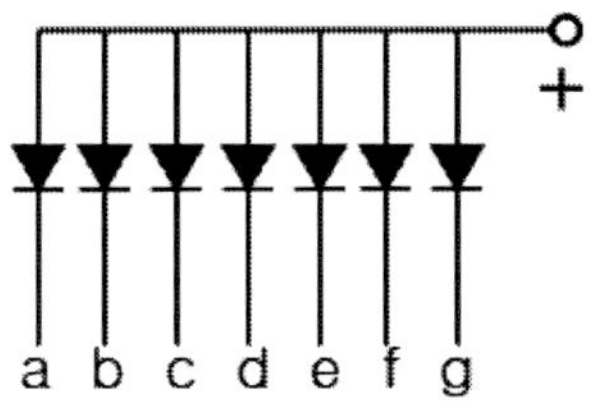

3) 고휘도(High Flux) LED : 자동차, 조명, 전광판 등에 사용하는 다양한 LED가 개발되어 사용되고 있다.

(2) 포토다이오드

광에너지를 전기 에너지로 변환하는 광센서의 일종으로, 역방향의 전압을 가한 상태에서 PN 접합면에 직사광선을 받으면 0.6 ~ 0.8V정도의 기전력이 만들어진다. 그리고 전류는 매우 작은 1㎃정도이다.

- 포토 다이오드의 출력전류는 매우 작기 때문에 증폭회로와 함께 사용된다.

- 포토 다이오드의 감도는 빛의 파장에 따라 달라지는데 물체를 가열시키는 특성이 있는 적외선 영역 (약 850nm)에서 가장 민감한 반응을 나타낸다.

- 자동차의 에어컨을 자동으로 동작시키는 일사 센서에 응용되고 있으며 발광 다이오드에서 방출되는 빛을 받아 크랭크 각을 검출하는 크랭크 각도 센서(CAS)에 사용된다.

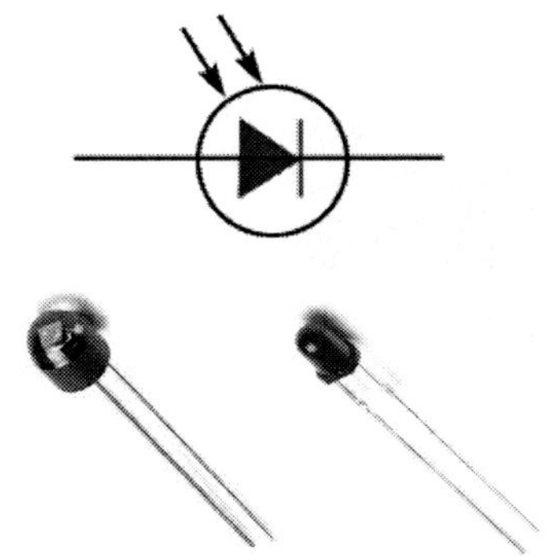

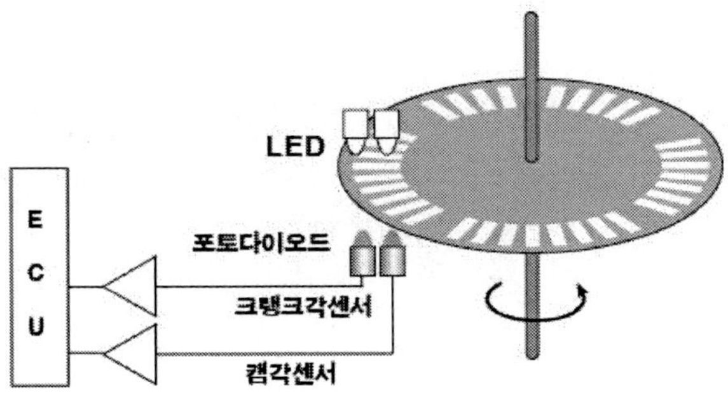

(3) 포토 트랜지스터 (Photo Transistor)

포토다이오드와 전류증폭용 트랜지스터를 결합하여 만든 것이다. 포토다이오드에서 발생되는 광기전력과 역방향의 광전류가 트랜지스터의 베이스로 흘러들어가 전류증폭률 만큼 증폭된 컬렉터 전류가 흐르게 된다.

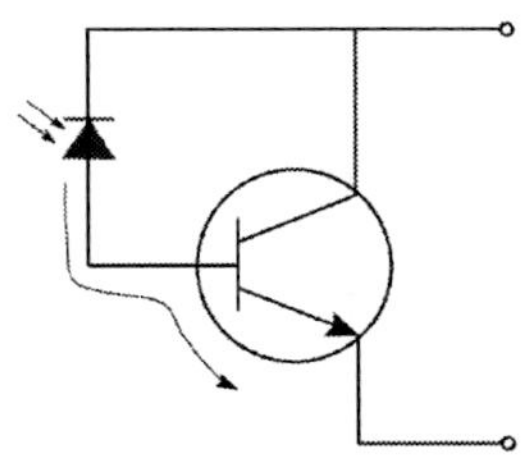

등가회로

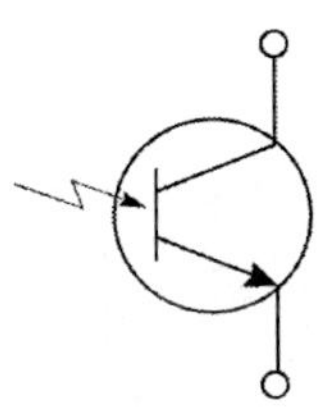

기호

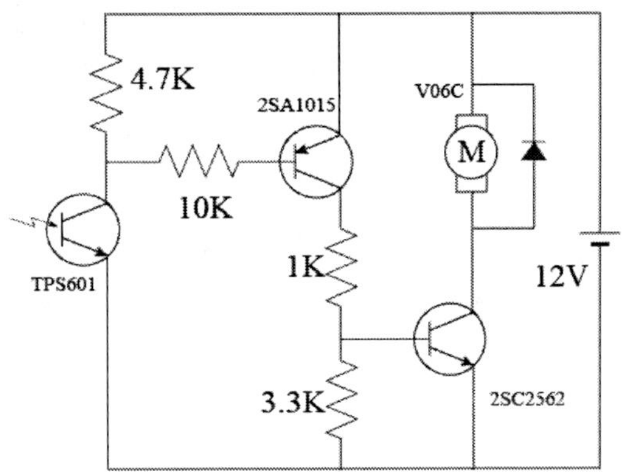

응용 회로

• 포토트랜지스터를 응용한 모터 On, Off 회로이다. 포토트랜지스터에 빛이 조사되면 중간단 소신호 증폭 TR이 전류를 1차로 증폭하고 다시 NPN 파워TR(2SC562)이 전류를 증폭해서 컬렉터에 연결된 모터를 구동한다. 2A정도의 부하전류로 구동 가능한 것이면 부하로 대신 사용할 수 있다.

(4) 포토 인터럽터 (Photo Interrupter)

포토 인터럽터는 발광부에서 빛을 만들어 수광부에 빛에 반응하는 비접촉으로 물체의 유무 및 위치를 감지할 수 있는 소자이다. 회전체의 회전검출, 물체의 위치검출에 사용된다.

반사형 포토 인터럽터

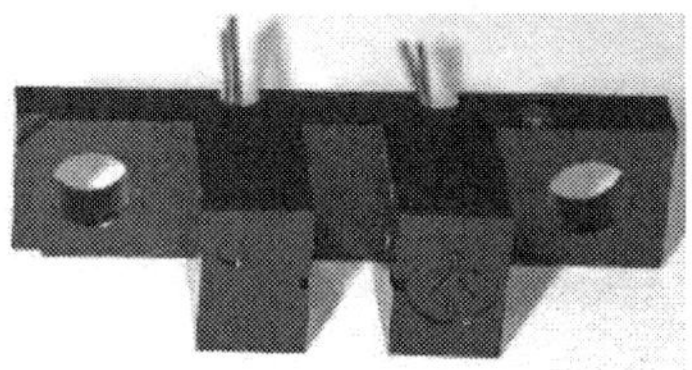

투과형 포토 인터럽터

1) 투과형 인터럽터

발광소자와 수광소자를 일정한 간격을 두고 마주보게 놓아 그 사이의 물체의 유무와 위치를 감지하는 방식

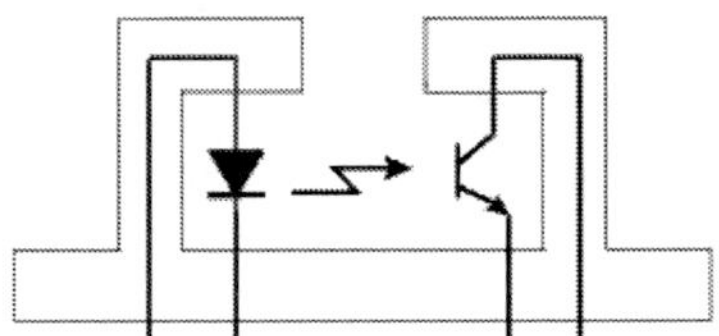

2) 반사형 포토 인터럽터

발광소자와 수광소자를 평면상 혹은 각도를 두고 발광소자로부터 나온 광을 물체에 반사시켜 그 반사광을 수광소자에서 검출하는 방식

(5) 포토 커플러 (Photo Coupler)

발광 다이오드와 포토 다이오드 또는 포토 TR을 마주보게 배치하여 IC Chip모양으로 패키지 안에 포함시켜 소형화 한 것이다. 외부 기기의 접속, 전기적 절연 등의 목적으로 사용된다.

• DIP(Dual In Line)형 IC와 동일한 형태로 내부에 여러 개를 함께 실장 하여 16

핀 패키지의 제품도 있다.

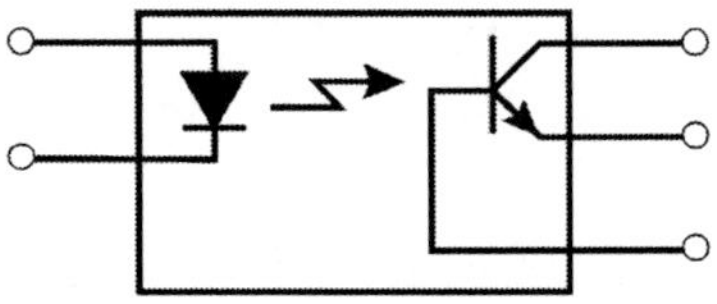

(6) 광도전 셀 (Photoconductive Cell)

광전 변환 소자 중의 황화카드뮴(CdS)은 빛의 강약에 따라 저항값이 변화하며, 빛이 강할 때는 저항값이 수십Ω 정도로 작고, 빛이 약할 때는 저항값이 수십 MΩ 정도로 크지는 성질이 있다.

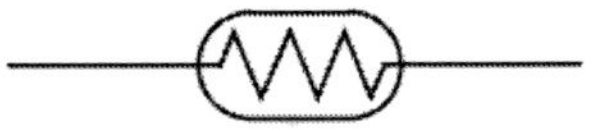

- CdS 셀은 카메라의 노출계, 가로등의 자동 점멸, 연기의 검지, 광전스위치 등에 응용되며 자동차에서는 빛의 조도를 감지해 헤드라이트를 자동으로 작동시키는데 응용된다.

(7) 적외선 센서

적외선은 가시광보다 파장이 길고, 물체의 온도에 따라 파장의 차이가 있다. 산업분야에 다양한 용도로 광범위하게 사용되고 있다. 발광소자인 포토LED와 수광 소자인 포토TR을 적외선센서라고 한다. 적외선 센서는 물체 감지 목적으로 주로 사용되며 다음의 회로는 비교기를 통한 물체 감지의 예를 보이고 있다.

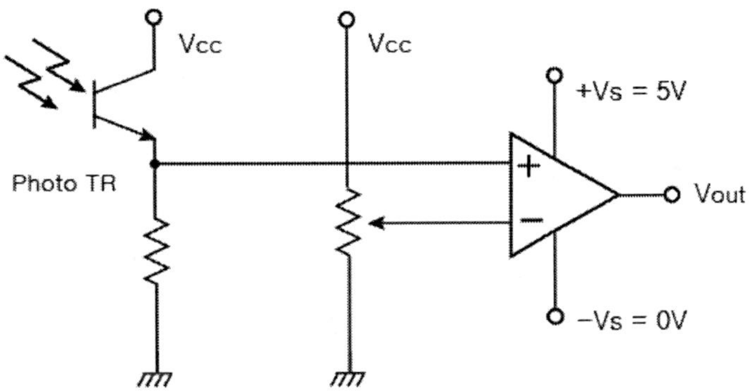

(8) 자기센서

전기와 자기의 관계는 앞에서 배운 것과 같이 서로 밀접한 관계가 있다. 자기센서는 자기장의 변화에 의해 기전력이 발생하는 현상을 이용하여 만든 소자이다.

1) 홀효과(Hall effect)

홀효과는 자기장에 비례하여 기전력이 발생하는 효과를 말한다. 다음의 반도체 기판에 전류를 흘리면 전자는 전류의 흐름과 반대방향으로 이동한다. 여기에 자기장을 수직으로 가하면 움직이는 전자들을 한쪽 면으로 휘어지게 만든다. 이것은 플레밍의 왼손법칙에 따라 전자의 이동에 힘이 작용하게 되는 것이다.

따라서 반도체 기판의 한쪽 면에는 전자가 쌓여 음으로 대전되고, 다른 한쪽면은 양으로 대전된다. 양쪽 면에는 전위차가 만들어지고 이러한 전위차(홀 전압, Hall voltage)를 측정하여 계산할 수 있다.

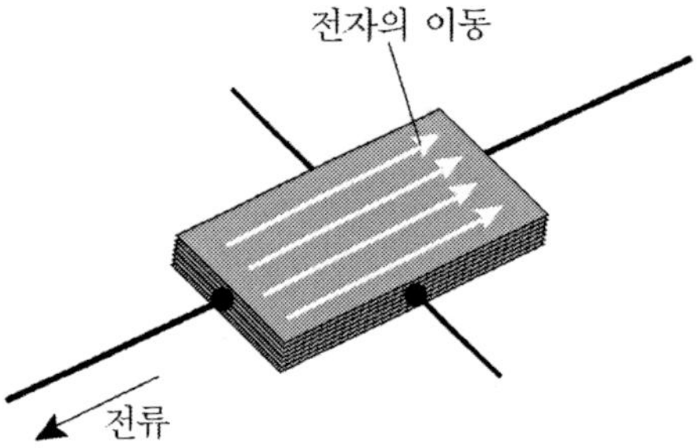

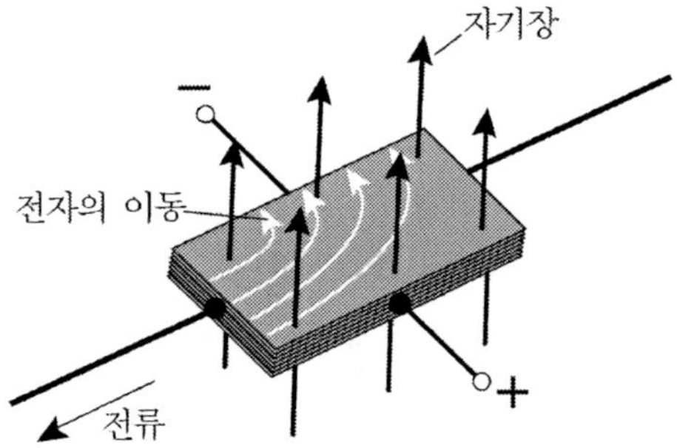

2) 자기센서의 종류

가. 홀센서

홀효과를 이용한 자기센서이다. 홀센서는 자기장의 세기에 비례하여 전압을 출력한다.

나. 홀 스위치

홀센서와 출력 트랜지스터로 구성되어 일정한 세기의 자기장 이상이 가해지면 출력단자가 On된다.(낮은 저항값) 그리고 이하의 자기장 세기에서는 Off(높은 저항값)된다.

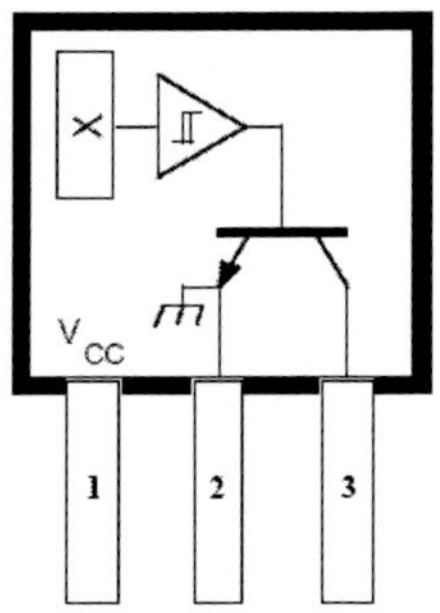

용도 : 회전속도 측정, 근접센서, 위치센서 등이 있다.

- 홀스위치 소자의 예

TL172C : 자기장의 세기가 10mT 이하이면 Off, 60mT 이상이면 On된다.

* 1가우스 = 0.1mT(테스라) = 10^{-4}Wb/㎡

A3144 : 1번(Vcc), 2번(Gnd), 3번(출력)

다. 리드 스위치(Reed S/W)

자기장(자석 혹은 전자석)에 의해서 부드러운 자성체 접점이 붙고, 떨어지는 스위치이다. 접점 부분이 비활성 가스를 충전한 유리관 속에 봉입되어 있고 리드 스위치 가까이 자석을 근접시키면 자성체 접점이 서로 다른 극으로 자화되면서 끌어당겨 붙고, 자석을 멀리하면 원래대로 복귀되어 접점이 떨어진다. 출입문 개폐, 위치검출 등 여러 용도로 많이 사용된다.

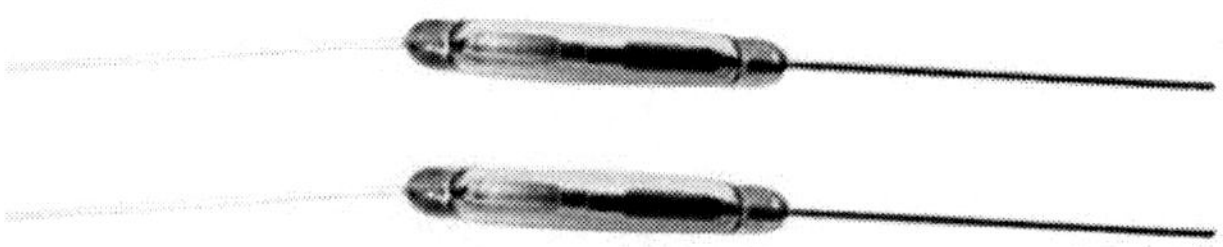

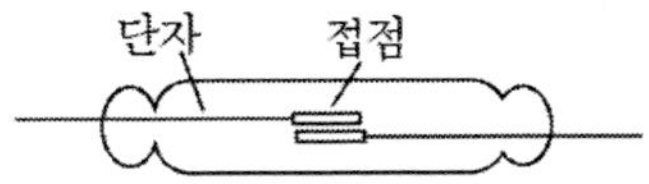

라. 홀센서 응용예

다음의 그림은 자동차 크랭크축의 각도를 홀센서를 이용해서 파악하여 ECU에 전달하면 분사량 보정 및 점화시기 제어를 결정하게 된다. 일반적으로 광학식(Optical Type), 마그네틱식(magnetic Type), 홀센서식(Hall Sensor Type)이 있다.

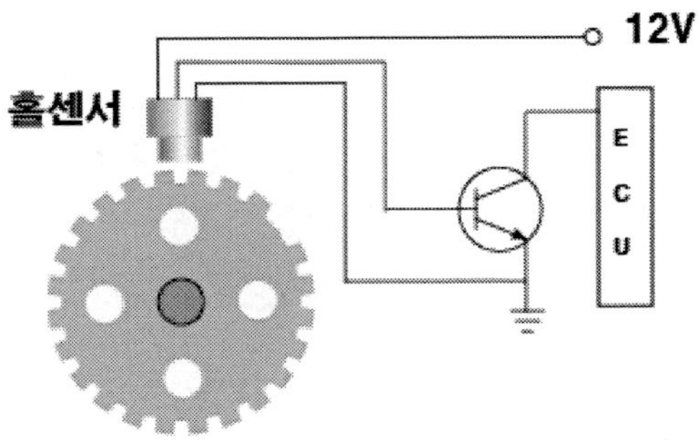

(9) 근접센서

많은 종류의 센서를 이용해서 산업용으로 사용할 수 있도록 만든 제품들이 개발되어 이용되고 있다. 카운터, 근접센서, 포토센서, 압력센서, 로터리 엔코드, 온도조절기 등의 다양한 제품들이 여러 가지 형태의 응용에 적용 가능하도록 신뢰성과 정밀도, 내구성을 갖추어 판매되고 있고 자동화에 사용되고 있다.

근접센서는 마이크로스위치, 리미트스위치와 같은 기계적인 접촉인 아닌 검출 대상체가 가까이 접근했을 때 비접촉으로 대상체의 유무를 검출하여 On, Off와 같은 이진값으로 출력한는 센서이다.

1) 종류

고주파발진형 : 고주파를 발생해서 물체에 부딪치면 물체의 표면에 와전류가 흘러 에너지 손실이 발생해서 감쇠, 변화 반사된 신호를 검출하여 물체의 유무를 판별한다.

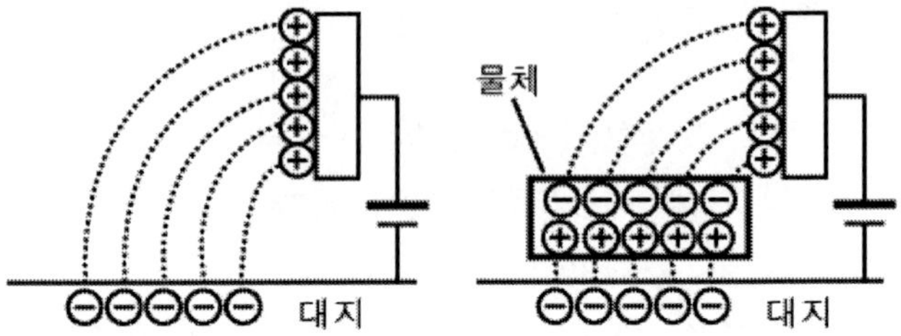

정전용량형 : 센서와 대지사이에 존재하는 전기장사이에 물체(유전체)가 들어오면 분극현상이 생겨 정전용량이 커지는 것을 이용하여 물체의 유무를 판별한다.

2) 근접센서의 제품 종류

3) 응용예

근접센서는 직접 릴레이, 솔레노이드, 카운터, PLC등의 직류 구동부하를 On, Off 할 수 있어 다양한 용도의 응용이 가능하다.

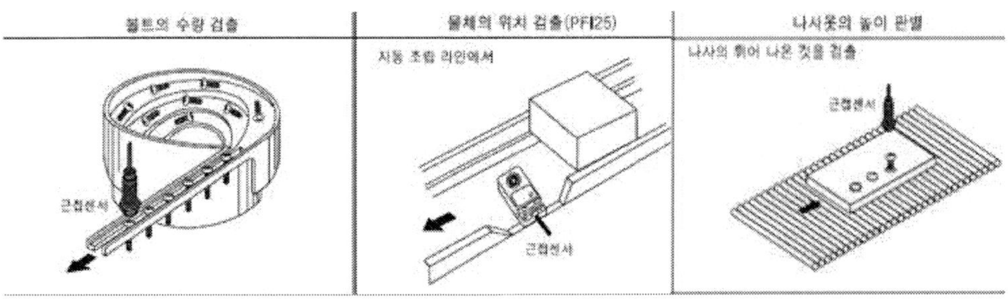

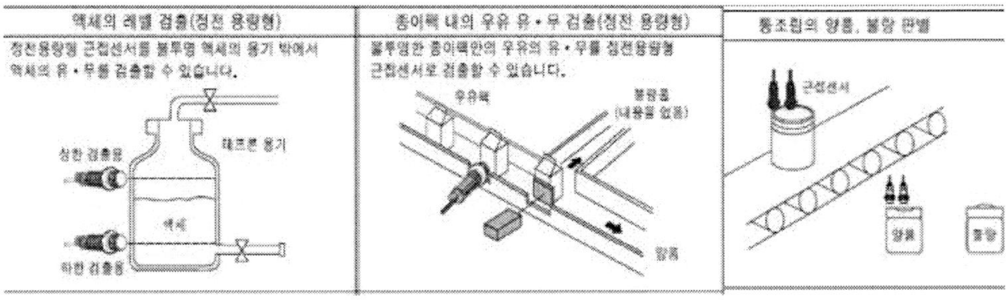

4) 제품 모델

자동화분야의 정밀한 제어에 사용 가능하도록 다양한 형태의 제품이 있다. 여러 회사의 제품들이 있으나 여기서는 오토닉스 제품에 대한 근접센서의 예를 들어서 설명한다.

P R □ 18 - 8 D N - □

항목	주	기호	내용
(마지막 □)	1)	무표시	일반형
		I	IEC 규격품
출력구성		N	NPN NO
		N2	NPN NC
		P	PNP NO
		P2	PNP NC
	2)	O	Normal Open
	2)	C	Normal Close
사용전원에 의한 분류		D	12-24VDC
		A	100-240VAC
(8)		숫자	표준 검출거리(mm)
외형치수		숫자	검출면의 지름(mm)
출력형태		무표시	표준형
	3)	S	Short형
		L	Long형
		T	직류 2선식
		A	내 SPATTER형
		AT	직류 2선식 내 SPATTER형
		CM	콘넥터 표준형
		CML	콘넥터 Long형
	1)	CMT	직류 2선식 콘넥터형
		W	배선인출 콘넥터형
	1)	WT	직류 2선식 배선인출 콘넥터형
외형분류		R	원주형
근접센서 종류		P	고주파 발진형 근접센서
		C	정전용량형 근접센서

1) IEC 규격품은 PRCMT TYPE과 PRWT TYPE에만 해당
2) Normal Open, Normal Close는 직류 2선식, 교류 2선식에게만 해당
3) Short Type은 직류 3선식의 PR12 Type에만 있음

5) 검출

① 표준 검출물체의 재질은 철과 같은 자성금속이다.

② 비자성금속(알미늄 등)의 경우 검출거리가 규격보다 짧아진다.
철 100%, 스테인레스 약85%, 황동 약40%, 알미늄 약30%, 동 약28%

③ 검출물체의 크기는 표준규격보다 작으면 검출거리가 짧아지고 더 커면 검출거리가 일정하게 유지된다.

④ 검출물체의 두께와 도금은 검출거리에 영향을 준다.

6) 출력회로

출력회로는 직류2선식, 직류 3선식(NPN출력형, PNP출력형)과 교류 2선식이 있다. 다음은 직류 3선식NPN 출력회로와 컨넥터 결선도이다.

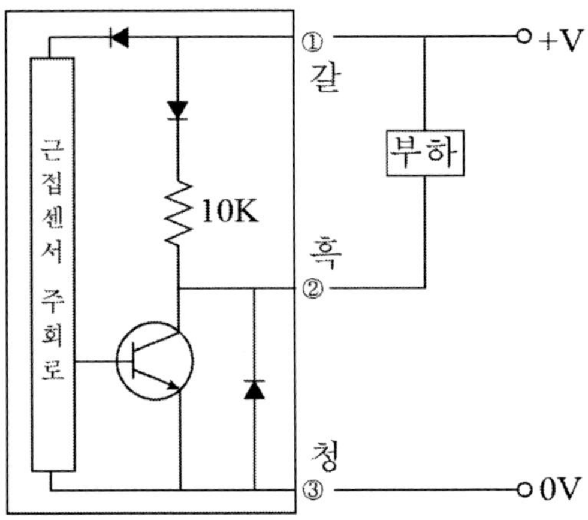

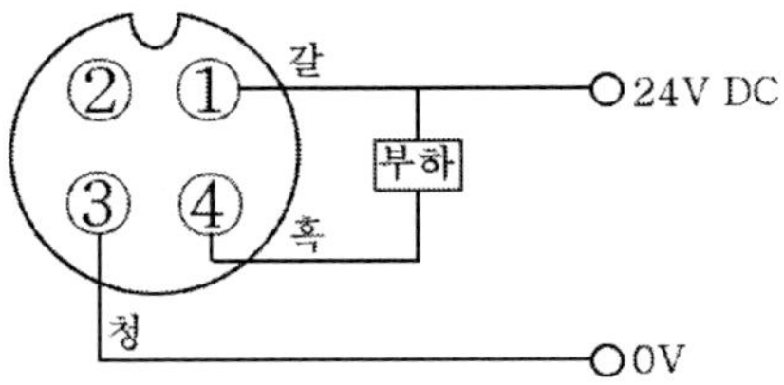

7) 검출거리

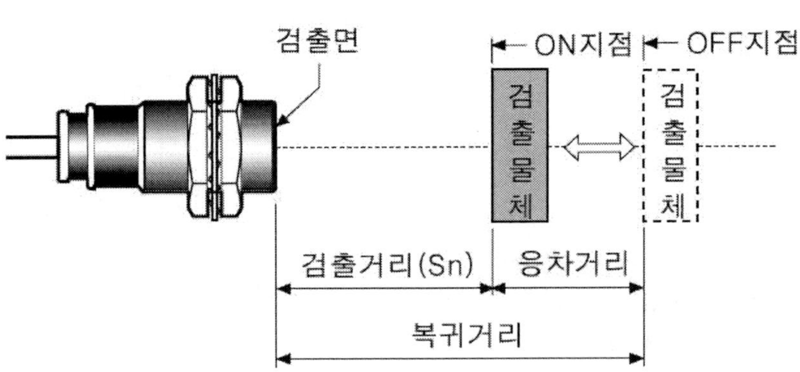

응차거리 : 검출물체가 검출면에 접근하여 출력이 동작한 지점에서, 검출물체가 검출면에서 멀어져 출력이 복귀한지점 사의의 거리를 의미한다.

*** 참고자료 : (주)오토닉스 종합자료집**
www.autonics.co.kr

(10) 카운터

각종 센서(근접센서, 포토센서, 로타리 엔코더 등)의 펄스 신호를 입력 신호원으로 이용하여 길이, 위치, 생산수량 등을 표시 및 제어한다. 또한 입력 신호원으로 릴레이 접점이나 5 ~ 30V DC 전압으로도 계수가 가능하며, 다양한 기능들을 내장하고 있어 자동 생산라인, 자동화 설비 및 산업용 기계 등에 폭 넓게 사용되고 있습니다.

1) 종류

단순 UP/DOWN 카운터에 타이머 기능이 있는 것 등 다양한 종류가 사용된다.

2) 응용 예

3) 카운터의 종류

4) 센서모듈과 연결

다음은 센서모듈과 카운터의 연결방법을 표시한 것이다. NPN 출력 센서 모듈과 NPN 오픈콜렉터 방식의 센서 모듈과 카운터의 연결 방법이다. PNP 센서 모듈의 연결은 자료를 참조해서 한다.

- 무접점 입력신호 : 기계적인 접점이 아닌 트랜지스터 등의 반도체회로의 출력(근접센서, 포토센서, 로타리 엔코드 등)에 의한 신호 입력을 의미한다.

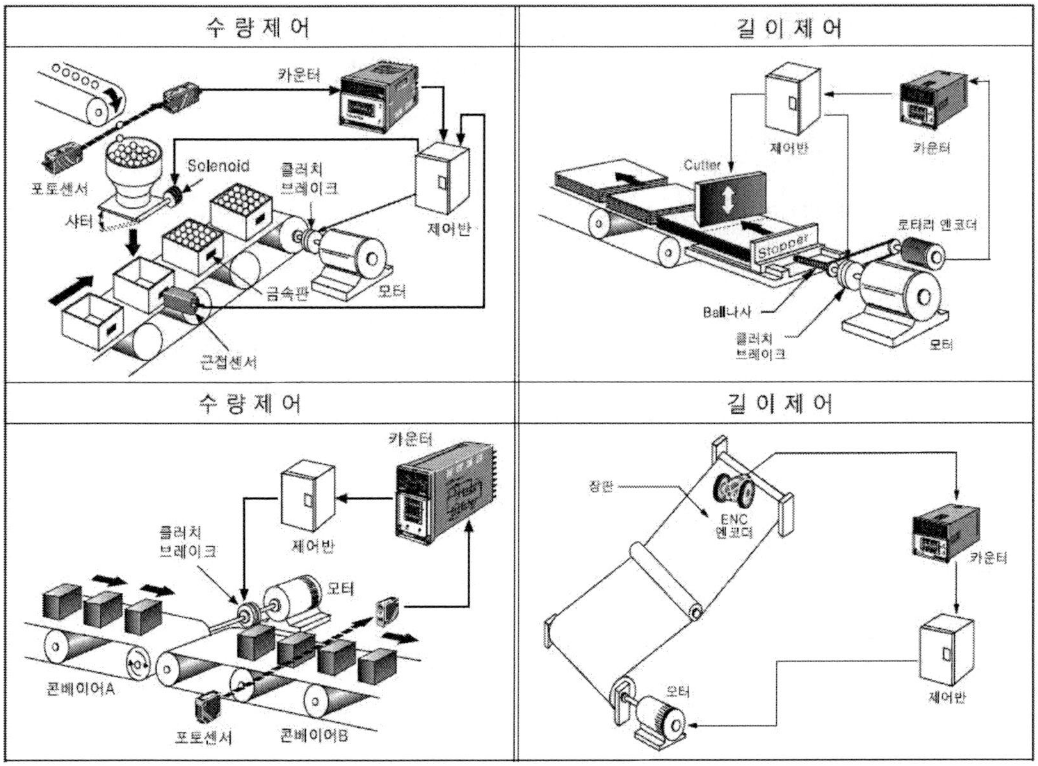

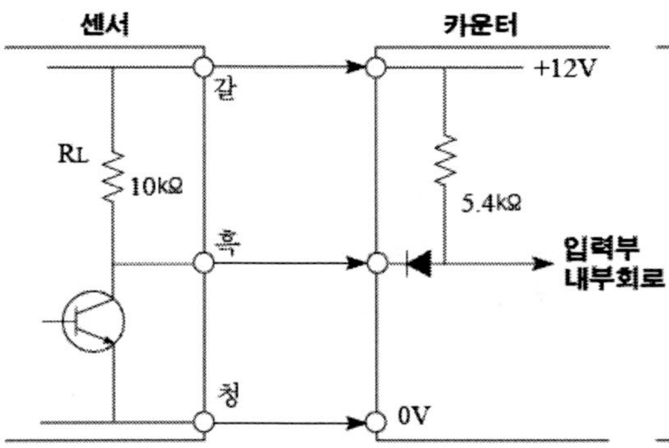

NPN 출력

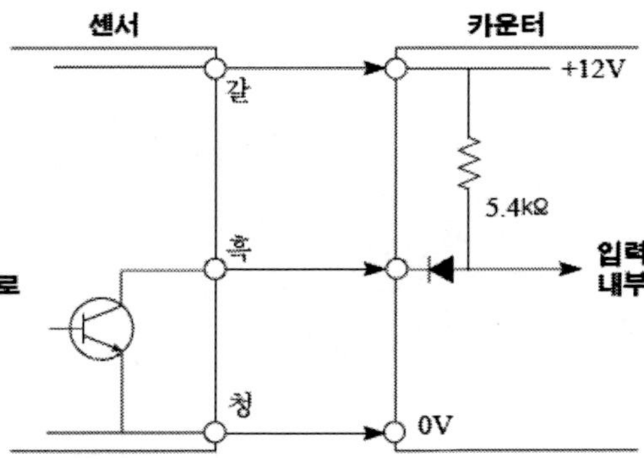

NPN 오픈콜렉터 출력

• 유접점 입력신호 : 접점이 있는 마이크로스위치, 리드스위치, 릴레이접점, 버튼스위치 등에 의한 카운터 동작시를 의미한다.

5) Reset

수동리셋 : 카운터 전면에 있는 리셋버튼을 누르면 초기화 된다.

전원 리셋 : 전원을 차단하여 초기화 상태로 복귀한다.
외부리셋 : 외부 리셋 입력단자에 일정 신호를 인가하여 초기화 한다.

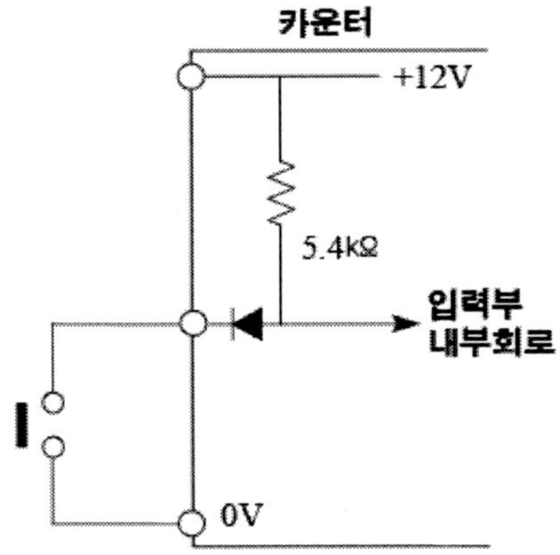

6) 출력단자 접속도

다음은 실습에 사용할 카운터 FS4A의 접속도이다.

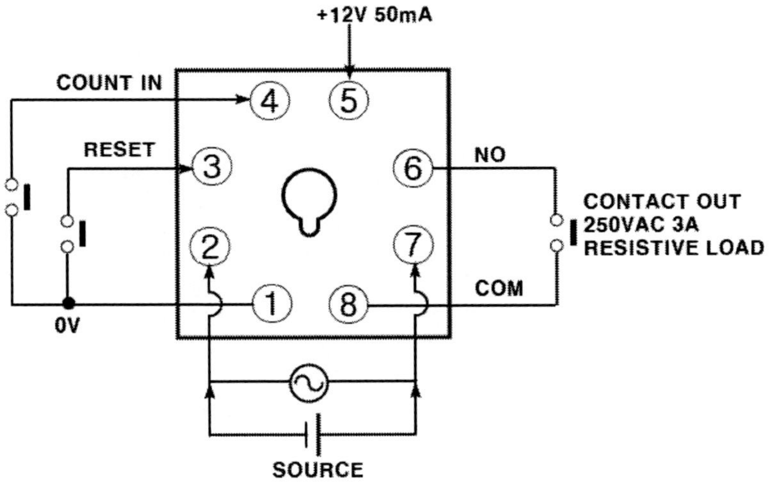

*** 참고자료 : (주)오토닉스 종합자료집**
www.autonics.co.kr

(11) 센서의 종류

<table>
<tr><th>센서종류</th><th>출력</th><th>비 고</th></tr>
<tr><td rowspan="6">온습도센서</td><td>기전력</td><td></td></tr>
<tr><td>저항</td><td></td></tr>
<tr><td>표면전하</td><td></td></tr>
<tr><td>투과율</td><td></td></tr>
<tr><td>자성변화</td><td></td></tr>
<tr><td>색</td><td></td></tr>
<tr><td rowspan="3">정전압력</td><td>전압</td><td></td></tr>
<tr><td>저항</td><td></td></tr>
<tr><td>색</td><td></td></tr>
<tr><td rowspan="2">초음파, 가속도, 유속</td><td>전압</td><td></td></tr>
<tr><td>투과율</td><td></td></tr>
<tr><td>포지션센서</td><td>전류</td><td>홀효과</td></tr>
<tr><td rowspan="3">가스센서</td><td>저항</td><td></td></tr>
<tr><td>공진주파수</td><td></td></tr>
<tr><td>전류</td><td></td></tr>
<tr><td>이온센서</td><td>기전력</td><td></td></tr>
<tr><td>바이오센서</td><td>전류</td><td></td></tr>
<tr><td rowspan="2">광센서</td><td>기전력</td><td>포토TR</td></tr>
<tr><td>가시광</td><td></td></tr>
<tr><td>위치, 속도센서</td><td>반사파의 파형변화</td><td></td></tr>
<tr><td>자기센서</td><td>기전력</td><td></td></tr>
<tr><td>자외선, 적외선센서</td><td>기전력</td><td>포토다이오드</td></tr>
<tr><td>초음파센서</td><td>기전력</td><td>가습기, 절단, 치석제거</td></tr>
</table>

실 습 1

LED 구동회로를 브레드 보드에 조립해서 측정하시오.

1. 준비물

LED (2종 이상) 3개
콤보테스터
테스터
브레드보드
저항 1㏀

1. 직류전원을 12[V]로 구성하고 흐르는 전류를 측정하시오. 그리고 LED와 저항 양단에 각각 걸리는 전압을 측정하여 작성하시오.

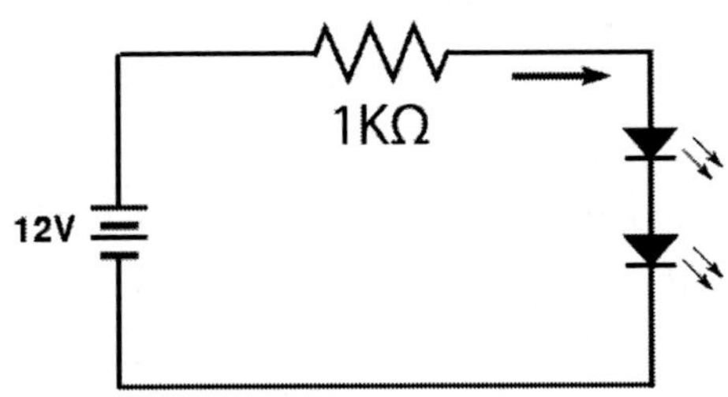

측정 장소	저항	LED1	LED2	전류
전압[V]				[mA]

2. 다음의 회로에서 LED에 15mA를 흘리고자 한다. 저항값을 계산하고 회로를 구성하시오. 각각의 전압과 전류를 측정하시오.

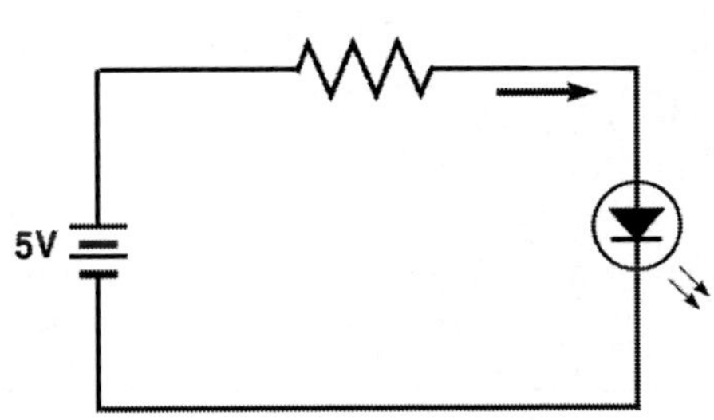

측정 장소	계산저항	사용저항	LED	계산 전류	측정 전류
전압[V]				[mA]	[mA]

3. 다음은 인터넷에서 이용되고 있는 저항읽기와 LED를 연결할 때 전류제한 저항을 얼마로 설정해야 되는지를 계산해주는 프로그램이다.

사용방법은 매우간단해서 유익하게 사용할 수 있을 것이다. 프로그램을 이용해서 계산하려면 다음의 내용을 참고해서 사용한다.

① 사용할 직류전원의 전압
② LED의 순방향 전압 값을 자료에서 확인
③ LED에 흘려야할 전류량(밝기를 고려해서)을 자료에서 확인해서 결정
④ 계산 버튼을 누르면 필요한 저항을 보여준다.
⑤ 저항의 소비전력을 계산해서 1/8W, 1/4W용을 사용해야하는지는 계산해야한다.

예를 들어, 아래의 경우 LED 전압 2.2V, 전류 20㎃, 저항 490Ω이라면
전력 $P = I^2R = 20^2 \times 10^{-6} \times 490\Omega = 196$㎽이다. 최소 1/4W급 저항을 사용해야한다. 만약 계산해서 나온 저항값에 꼭 맞는 저항이 없다면 비슷한 값으로 적용하고, 소비전력을 다시 계산해야한다.

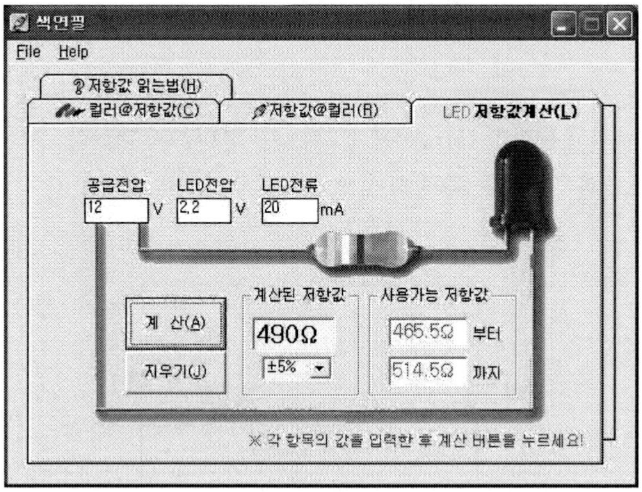

실 습 2

다음은 Cds를 이용하여 밝으면 LED가 꺼지고 어두우면 LED가 켜지는 회로이다. Cds의 특성과 TR의 동작원리를 이해해보자.

1. 동작원리

① 밝으면 Cds의 저항값이 작아져서 V_{BE} 양단에 0.6V 이하로 내려가 트랜지스터는 차단영역으로 동작하게 된다. 따라서 TR은 스위치가 Off 된 것처럼 동작하여 LED는 꺼진다.

② 빛이 차단되면 Cds의 저항값이 수MΩ으로 커져서 V_{BE} 양단에 0.6V 이상 전압이 걸리면서 트랜지스터는 활성영역으로 동작하게 된다.

③ 베이스로 흘러들어가는 전류는 전류증폭률 만큼 증폭되어 콜렉터를 통해서 에미터의 저항을 거쳐 흐르면서 LED를 켜게 된다.

④ 에미터 저항은 LED에 흐르는 전류를 제한하기 위한 것이다.

2. Cds를 멀티테스터를 사용해서 저항 값을 측정해서 기록하시오.

Cds	밝게 했을 때	빛을 차단했을 때
저항값		

3. 만능기판에 회로도에 따라 부품을 배치하고 납땜하시오.

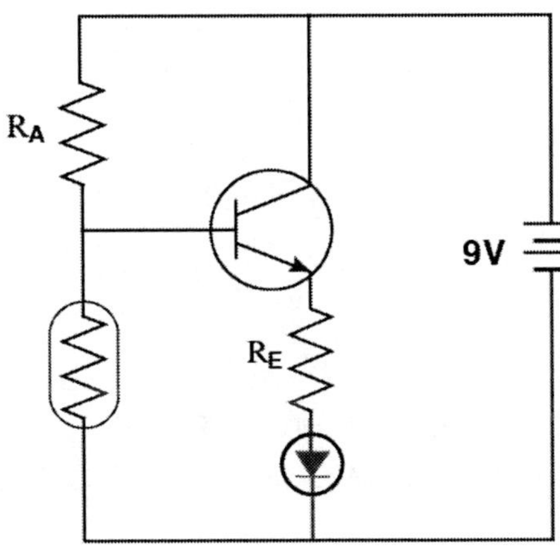

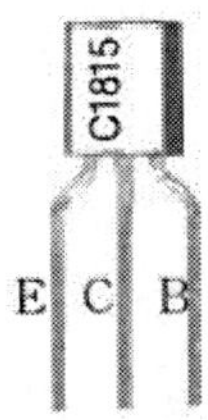

4. 준비물

만능기판, 기판받침대
TR : 2SC1815
R_A : 10kΩ R_E : 330Ω
Cds
LED
9V 스냅단자
납땜인두, 납, 선

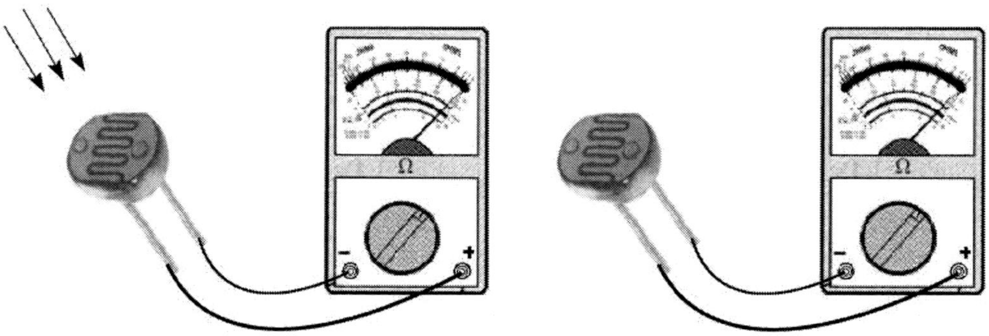

5. 다음의 사항을 참조하여 만능기판에 배치하여 납땜을 한다.

① 사용할 만능기판 실물을 복사해서 회로도를 참조하여 부품배치를 계획한다.
② 점프선이 생기지 않도록 한다.
③ 저항의 색깔 띠는 같은 방향으로 한다.
④ 부품의 리드가 꼬이지 않도록 배치한다.
⑤ 부품의 높이가 일정하도록 한다.
⑥ 외부에 연결할 전원 등 단자는 기판의 가장자리로 배치한다.

6. 동작 테스터

① 회로도와 대조하여 합선의 유무를 꼼꼼하게 확인한다.
② 전원은 실내의 경우 6V를 인가하여 동작 테스터를 한다.
③ 전원은 실외의 경우 9V를 전지를 사용하여 동작 테스터를 한다.

7. 완성되면 Cds에 빛을 조사했을 때와 차단했을 때 Cds양단에 걸리는 전압을 측정하고, 베이스와 콜렉터의 전압(VBE)값, RA에 걸리는 전압을 측정해서 작성하시오.

	빛을 차단했을 때			빛을 조사했을 때		
	Cds	V_{BE}	R_A	Cds	V_{BE}	R_A
전압						

실 습 3

다음의 자기센서를 이용한 다음의 회로를 브레드보드에 만들어서 확인해본다.

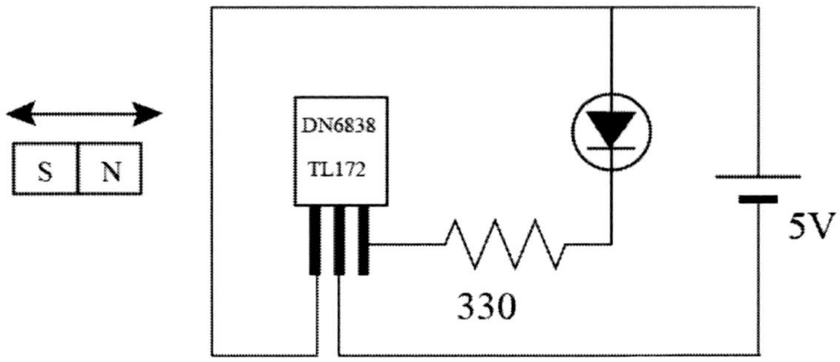

1. 준비물

브레드보드
테스터
콤보테스터
DN6838(TL172) : 1번(Vcc), 2번(Gnd), 3번(출력)
LED
저항 330Ω
자석(일자형)

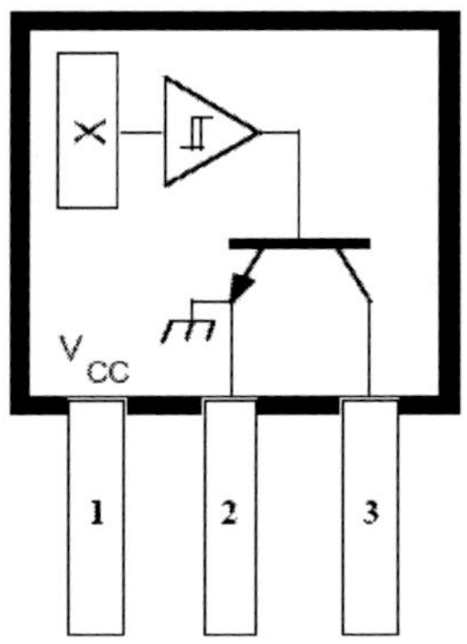

2. 실습방법

① 브레드보드에 회로와 같이 구성하시오.
② 자석을 접근시키거나 멀어지도록 해서 LED상태를 확인하고 작성하시오.

자석	LED	홀스위치 출력전압	비고
N극을 가까이 했을때			
S극을 가까이 했을때			

실 습 4

회전할 수 있는 원반에 자석을 부착해서 회전을 하면 1회전마다 LED가 On할 것이다. 회전원반을 저속 DC모터에 연결해서 회전수를 오실로스코프를 사용해서 확인하고 계산한다. 또 콤보테스터의 카운터에 연결해서 분당 회전수를 측정한다.

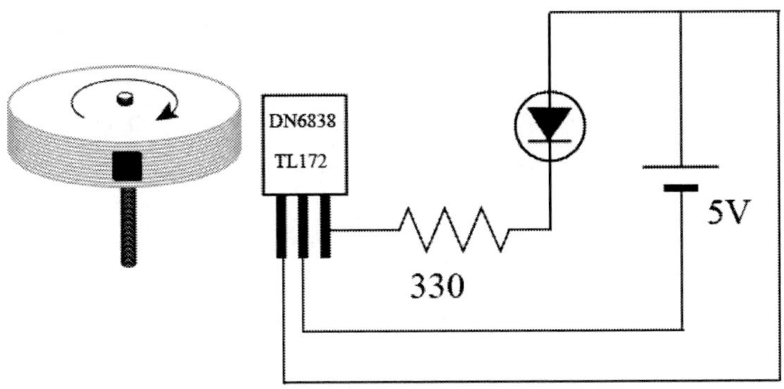

1. 준비물

브레드보드
DC Geared motor(혹은 dc 모터)
자석(원반에 부착할 작은 자석)
LED
저항 330Ω

2. 실습방법

① 브레드보드에 회로와 같이 구성하시오.
② 원반을 DC 모터에 연결해서 회전시켜 LED상태를 확인한다.
③ 그리고 홀스위치의 2, 3번 핀에 오실로스코프를 연결해서 파형을 관측한다.

	원반을 DC모터에 연결	1분당 회전수 계산
오실로스코프	주기 :	회전수:
콤보테스터의 카운터		

* 12V 전원에 연결하면 저항은 1㏀ ~ 1.5㏀을 연결해서 10 ~ 12㎃가 흐르도록 조정한다.

실 습 5

산업용으로 제품화된 근접센서를 사용해서 물품의 유무나 불량 등을 검사해보자.
먼저 물체의 인식을 위한 검출거리를 확인하는 실습을 한다.

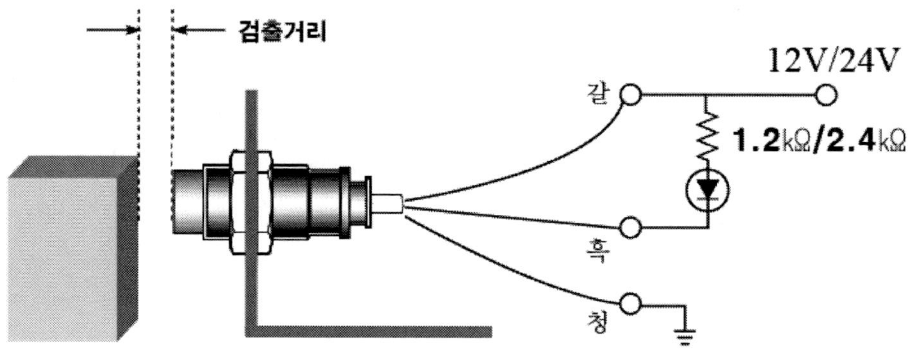

1. 준비물

브레드보드
콤보테스터
지지대
원주형(정전형, NPN, 3선식) 근접센서 모듈(CR 18-8DN)
LED
저항 1.2kΩ, 2.4kΩ
콤보테스터
길이 측정용 자
근접센서의 검출재료 : 캔(철, 알미늄)
고무지우개, 우유팩

2. 실습방법

① 근접센서 모듈의 데이터시트를 읽고 특징과 사용법을 확인한다.
② 근접센서 모듈을 실습이 가능하도록 그림과 같이 지지대에 고정시킨다.
③ 사용할 검출 대상물체를 준비한다.
④ 검출 대상물체를 사용해서 각각의 검출거리, 복귀거리를 측정하여 기록한다.
⑤ 근접센서 모듈(CR 18-8DN)은 검출거리 8mm, 응답주파수 50Hz, 사용전원 12V~24V이다.

3. 실습결과

실습방법에 따라 측정한 내용을 입력한다.

재료	LED On거리	LED Off거리(복귀)	전원24V 사용
캔(철)			
캔(알미늄)			
우유팩			
고무지우개			

실 습 6

음료수 병, 음료수 캔의 두껑이 닫혀있는 것과 열려있는 것을 판별해보자.

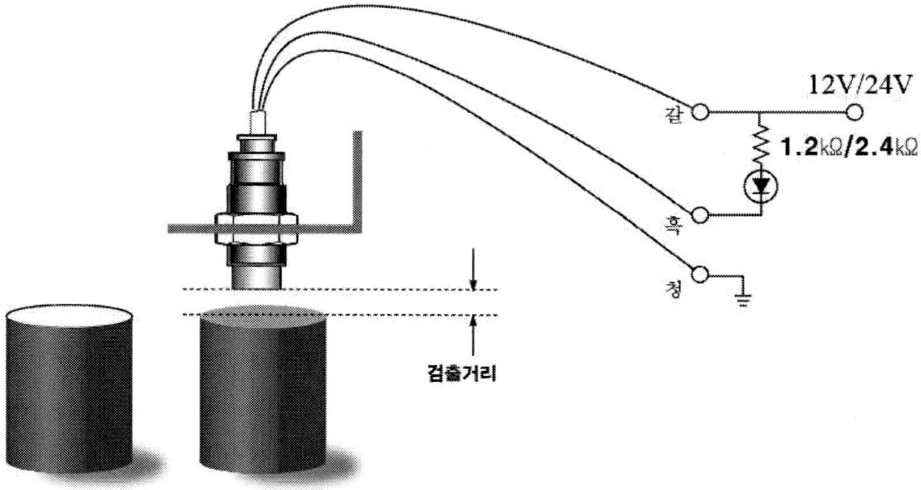

1. 준비물

브레드보드
콤보테스터
지지대
원주형(정전형, NPN, 3선식) 근접센서 모듈(CR 18-8DN)
LED
저항 1.2kΩ, 2.4kΩ
근접센서의 검출재료 : 캔(철, 알루미늄), 병, 우유팩

2. 실습방법

① 근접센서 모듈의 데이터시트를 읽고 특징과 사용법을 확인한다.
② 근접센서 모듈을 실습이 가능하도록 그림과 같이 지지대에 고정시킨다.
③ 사용할 검출 대상물체를 준비한다.
④ 검출 대상물체를 사용해서 각각의 검출거리 내에서 두껑이 열려있는 것과 닫혀있는 것의 판별 여부를 확인해본다.
⑤ 근접센서 모듈(CR 18-8DN)은 검출거리 8mm, 응답주파수 50Hz, 사용전원 12V~24V이다.

3. 실습결과

실습방법에 따라 측정한 내용을 입력한다.

재료	동작가능 거리	전원24V 사용
음료수병 철제 병마개		
캔(철)의 두껑		
우유팩의 내용물 없는 것 구분		

실 습 7

근접센서와 카운터를 연결하여 물체를 인식하고 카운터하도록 실습을 한다.

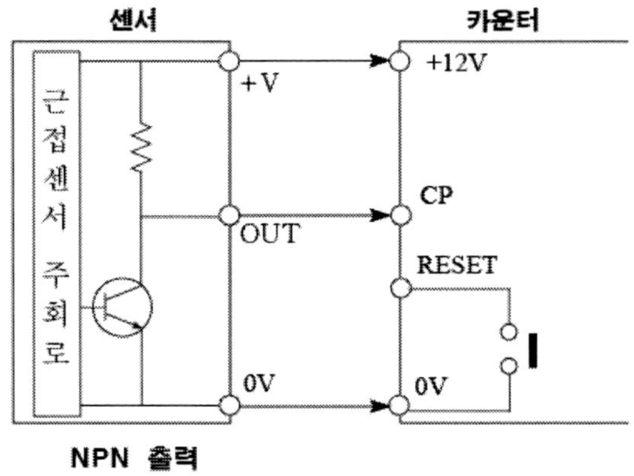

1. 준비물:

원주형(정전형, NPN, 3선식) 근접센서 모듈(CR 18-8DN)
카운터(FS4A : 8핀 플러그 TYPE 카운터)
콤보테스터
지지대
클립
근접센서의 검출재료 : 캔(철, 알미늄), 병, 우유팩

2. 연결도

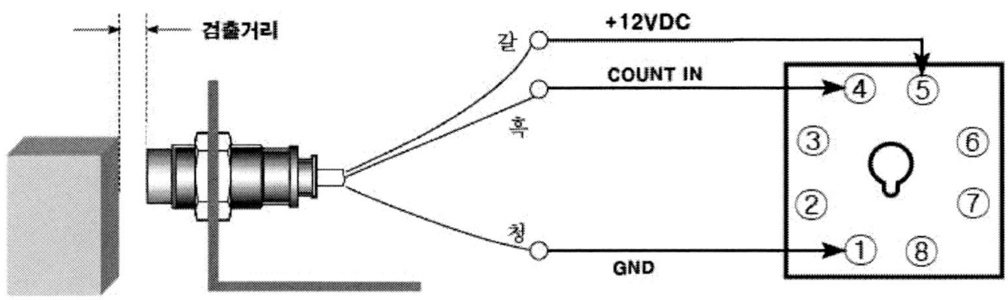

① 실습에 사용했던 NPN TYPE 근접센서를 연결도에 표시된 것과 같이 연결한다.

② 카운터 자체 내장된 12V DC와 GROUND를 사용하여 연결한다.
③ 센서에 공급되는 전원은 12V DC 50mA이다.
④ 필요하면 가산/감산 모드와 계수속도는 데이터시트를보고 설정한다.

3. 실습방법

카운터 대상물체를 반복적으로 근접센서에 검출거리에 이동하여 카운터가 동작하는지를 확인한다.

4. 실습결과

여러 가지 대상체를 근접센서에 접근하여 카운트 동작을 실습한다.

재료	카운트
음료수병(철제 병마개)	
캔(철)	

참고문헌

1. 기초전기전자, 이태원, 오토테크
2. 센서응용실무, 박종화, 명진
3. 기초전기전자+전자회로실습, 박종화, 복두출판사
4. 센서의기초, 진경시, 김경화외, 태영문화사
5. Autonics 11th TOTAL CATALOG
6. 전자회로, 이현창 외, 삼보출판사
7. http://cont121.edunet4u.net
8. http://www.autonics.co.kr
9. http://www.gnedu.net

기 초 전 기 전 자

2009년 1월 19일 인쇄

2009년 1월 21일 발행

저 자 백 승 수 저

펴낸이 오 성 걸

펴낸곳 **오성미디어**

주 소 132-916 서울시 도봉구 창 3동 491-1

전 화 02)997-0136

FAX 02)997-0137

등 록 2000. 5. 12 제 7-212 호

ISBN 978-89-92583-43-5 값 13,000 원